Ajit Puri
B. C. Dhananjaya
Ganesh Gaikwad

# GRAPHENE: O futuro está aqui! Aplicações e análises

Ajit Puri
B. C. Dhananjaya
Ganesh Gaikwad

# GRAPHENE: O futuro está aqui! Aplicações e análises

Uma tecnologia disruptiva; aquele que poderia abrir novas inovações e até substituir as tecnologias existentes

ScienciaScripts

Cover image: www.ingimage.com

This book is a translation from the original published under ISBN 978-620-7-65349-2.

Publisher:
Sciencia Scripts
is a trademark of
Dodo Books Indian Ocean Ltd. and OmniScriptum S.R.L publishing group

120 High Road, East Finchley, London, N2 9ED, United Kingdom
Str. Armeneasca 28/1, office 1, Chisinau MD-2012, Republic of Moldova, Europe
Printed at: see last page
**ISBN: 978-620-7-78398-4**

# GRAFENO

## O futuro está aqui! Aplicações e análises

# ÍNDICE


ÍNDICE .......... 2

RESUMO .......... 3

I. INTRODUÇÃO .......... 5

II. REVISÃO DA LITERATURA .......... 17

III. ESTUDOS DE INVESTIGAÇÃO .......... 19

IV. RESUMO .......... 61

V. REFERÊNCIAS .......... 62

# RESUMO

Desde a sua descoberta em 2004, o grafeno tem sido visto como um material "milagroso" em rápido crescimento e tem despertado um enorme interesse na ciência dos materiais e em aplicações biológicas devido às suas extraordinárias propriedades físico-químicas e estruturais. Os nanomateriais à base de grafeno podem oferecer uma via possível para o desenvolvimento de fertilizantes mais eficazes. Estes materiais oferecem um modo alternativo de fornecer nutrientes às plantas e melhorar a fertilidade do solo. Outro desenvolvimento no sentido de um sensor de humidade do solo à base de grafeno, de baixo custo, altamente sensível, estável e sem desvios de temperatura, vai ao encontro das necessidades dos agricultores. Os cientistas inventaram também um crivo à base de grafeno que transforma a água do mar em água potável, pondo fim à escassez de água. Com estas propriedades excepcionais e insuperáveis em comparação com outros materiais, o grafeno pode ser a futura base da investigação.

Andelkovic *et al.* (2019) relataram a síntese de um compósito de óxido de grafeno (GO), ferro (GO-Fe), um portador promissor para o carregamento de fósforo. A partir de análises morfológicas, espectroscópicas e químicas, eles revelaram um complexo mecanismo de carregamento de Fe em GO. Os estudos de perfusão em coluna, a visualização da difusão de fósforo nos solos e a análise química dos solos após a difusão mostraram que os compósitos têm propriedades de libertação lenta.

Vinay *et al.* (2018) conceberam um sensor capacitivo robusto à base de óxido de grafeno (GO) que é altamente sensível à humidade do solo. O sensor consiste num elétrodo interdigitado (IDE) com GO quimicamente sintetizado como plataforma de deteção. A resposta do sensor muda em 340% e 370% sobre as mudanças de humidade do solo de 1% a 55% para solo vermelho e preto, respetivamente.

Kabiri *et al.* (2017) demonstraram pela primeira vez que o GN e o GO podem ser usados como aditivos em grânulos de fertilizantes para melhorar significativamente suas propriedades físicas, como resistência ao esmagamento, abrasão e resistência ao impacto. Os testes de resistência ao esmagamento revelaram que pequenas quantidades de GN (ou GO) em grânulos de fertilizante MAP aumentaram notavelmente (18,2 vezes para MAP-GN e 16,2 vezes para MAP-GO) a resistência do grânulo em comparação com MAP não tratado. Os resultados confirmam o uso potencial de GN e GO como agentes endurecedores e aditivos antipoeira e antiaglomerante na indústria de fertilizantes.

Kabiri *et al.* (2017) demonstraram a utilização de folhas de GO como um novo transportador de nutrientes, resultando numa libertação lenta e sustentada de micronutrientes como o Zn e o Cu. Os fertilizantes de micronutrientes (Zn-GO e Cu-GO) preparados sob a forma de pellets sólidos mostraram uma elevada capacidade de carga de nutrientes (mais de 10%) responsável pela ligação dos iões de micronutrientes. O carregamento significativo e os desempenhos de libertação desejáveis dos transportadores à base de GO tornam-nos materiais favoráveis para o carregamento de qualquer nutriente (macro, micro e suas combinações) e, por conseguinte, podem ser utilizados como transportadores genéricos para a criação de uma nova geração de fertilizantes avançados de libertação lenta.

Surwade *et al.* (2015) revelaram a utilidade potencial do grafeno nanoporoso como uma membrana selectiva que pode ser utilizada para a dessalinização da água. Os resultados mostraram que o plasma de oxigénio pode ser utilizado como um método muito conveniente para o fabrico de nanoporos personalizados de dimensão desejada (e provavelmente propriedades químicas alteradas) em grafeno de camada única suspenso, com elevada precisão.

**Conclusão:**

O carregamento significativo e os desempenhos de libertação desejáveis dos transportadores à base de GO tornam-nos favoráveis ao carregamento de qualquer nutriente e podem ser utilizados como transportadores genéricos para a criação de uma nova geração de SRF avançados. O grafeno e o óxido de grafeno podem ser utilizados como aditivos em grânulos de fertilizantes para melhorar significativamente as suas propriedades físicas. O dispositivo de filtragem à base de óxido de grafeno produz água potável a partir da água do mar ou de águas residuais com um consumo mínimo de energia. Os compósitos à base de grafeno provaram ser uma fonte potencial de utilização em várias aplicações.

# I. INTRODUÇÃO

## "Grafeno: o futuro está aqui! Aplicações e análises"

A nanotecnologia monitoriza um dos principais processos de controlo agrícola, especialmente pela sua dimensão em miniatura. Além disso, muitos benefícios potenciais, tais como a melhoria da qualidade e segurança dos alimentos, a redução dos factores de produção agrícola, o enriquecimento da absorção de nutrientes à escala nanométrica do solo, etc., permitem que a aplicação da nanotecnologia seja um obstáculo ressonante. As nanotecnologias têm a possibilidade de melhorar a agricultura e a indústria alimentar com novas nanopartes para várias aplicações, reforçando a sustentabilidade global.

Desde a sua descoberta em 2004, o grafeno tem sido visto como um material "milagroso" em rápido crescimento e tem despertado um enorme interesse na ciência dos materiais e em aplicações biológicas devido às suas extraordinárias propriedades físico-químicas e estruturais.

- O termo GRAPHENE apareceu pela primeira vez em 1987.
- O grafeno é uma combinação de "grafite" com o sufixo -ene, nomeado por Hanns-Peter Boehm.

**Fig.1:** Dr. P. R. Wallace

- A teoria do GRAPHENE foi explorada pela primeira vez por P. R. Wallace em 1947 como ponto de partida.
- Durante séculos, os cientistas produziram GRAFENO em pequenas quantidades a partir da grafite, sem o saberem, até ter sido redescoberto, isolado e caracterizado em 2004.

**Fig.2:** Dr. Andre Geim e Dr. Konstantin Novoselov

- da Universidade de Manchester descobriu o grafeno.
- Em 2010, seis anos após a descoberta, foram galardoados com o Prémio Nobel da Física pelas experiências com o grafeno.
- O grafeno é um alótropo cristalino do carbono com propriedades bidimensionais.
- Os átomos de carbono estão ligados entre si por ligações hibridizadas sp2 muito resistentes numa única camada de átomos.
- **A grafite** é essencialmente constituída por centenas de milhares de camadas de grafeno.
- A grafite é um dos três alótropos de carbono que ocorrem naturalmente (os outros são o carbono amorfo e o diamante).
- A diferença entre os três alótropos que ocorrem naturalmente é a estrutura e a ligação dos átomos dentro dos alótropos; o diamante tem uma estrutura cristalina de rede de diamante, a grafite tem uma estrutura de rede em favo de mel e o carbono amorfo (como o carvão ou a fuligem) não tem uma estrutura cristalina.
- Embora existam muitas formas diferentes de carbono, a grafite é de um grau extremamente elevado e é a mais estável em condições normais.
- As camadas de carbono que compõem a grafite estão fracamente ligadas e são mantidas juntas por forças de Van der Waals.
- O grafeno é uma camada única (monocamada) de átomos de carbono, fortemente ligados numa estrutura hexagonal em forma de favo de mel, com um comprimento de ligação molecular de 0,142 nanómetros.
- As ligações químicas na grafite são, de facto, mais fortes do que aquelas que compõem o diamante. No entanto, o que define a diferença na dureza dos dois compostos é a estrutura de rede dos átomos de carbono contidos neles; o diamante

contém ligações de rede tridimensionais e a grafite contém ligações de rede bidimensionais (camadas de folhas de carbono).

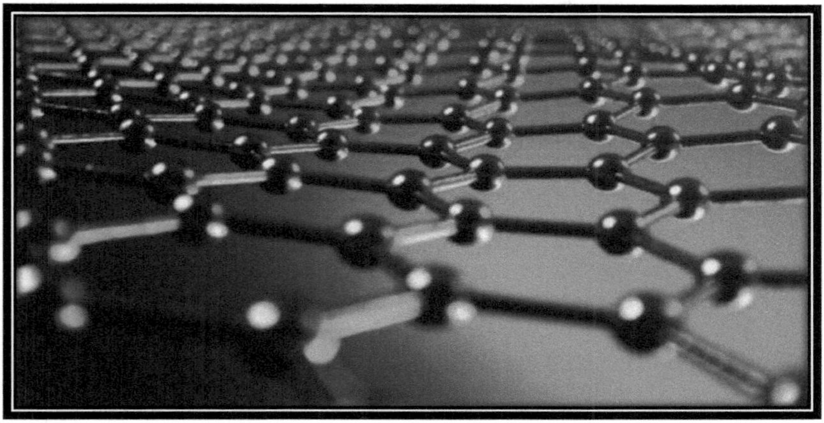

**Fig.3:** Folha de grafeno

## Os atributos do grafeno ....

- As ligações químicas na grafite são, de facto, mais fortes do que as que constituem o diamante.
- O grafeno é o composto mais fino conhecido pelo homem (um átomo de espessura).
- O material mais leve conhecido (com 1 metro quadrado a pesar cerca de 0,77 mg)
- O grafeno é o material mais forte alguma vez descoberto, (entre 100-300 vezes mais forte do que o aço, com uma resistência à tração intrínseca de 130 GPa (19.000.000 psi)
- O grafeno é o melhor condutor de calor e eletricidade à temperatura ambiente.
- Superfície extraordinária ultra-elevada (>2500 m2 g-1), superior a qualquer outro material.
- Os atributos como a transparência, a densidade, a condutividade eléctrica e térmica, a elasticidade, a flexibilidade, a resistência à dureza e a capacidade de gerar reacções químicas com outras substâncias.

## Aplicações do grafeno ....

- Compósitos, energia, telecomunicações, eletrónica, sensores e imagiologia, e tecnologias biomédicas.
- Engenharia eletrónica (Supercapacitores de grafeno).

- Soluções de armazenamento de energia, tais como baterias de iões de lítio de alta potência.
- Fontes de energia solar da próxima geração com uma eficiência muito elevada (células solares de perovskite (PSC)).
- O grafeno é altamente inerte e, por isso, pode atuar como uma barreira à corrosão entre o oxigénio e a difusão da água, o que ajuda a criar materiais resistentes à corrosão.
- Indústria das telecomunicações (fotodetectores de largura de banda ultra larga).
- Defesa (fabrico de vestuário à prova de bala).
- O grafeno pode desenvolver tecnologia que pode ser utilizada para construir computadores extremamente rápidos e smartphones transparentes e dobráveis.

## Âmbito de aplicação na agricultura....

Os nanomateriais à base de grafeno podem oferecer uma via possível para o desenvolvimento de fertilizantes mais eficazes. Estes materiais oferecem um modo alternativo de fornecer nutrientes às plantas e melhorar a fertilidade do solo.

A monitorização da humidade do solo é um dos factores importantes para a melhoria do rendimento das culturas e para o crescimento das plantas. É necessário medir e manter a humidade e a humidade do solo em intervalos regulares. O desenvolvimento de um sensor de humidade do solo de baixo custo, alta sensibilidade, estabilidade melhorada e sem desvios de temperatura é necessário para satisfazer as necessidades dos agricultores.

A grande poluição ambiental causada pela industrialização e pelo crescimento demográfico a nível mundial conduziu a uma escassez de água. Uma das principais soluções para este desafio é a purificação da água. A este respeito, os nanomateriais de grafeno, com as suas propriedades físico-químicas únicas, são uma óptima escolha. Estes materiais oferecem uma área de superfície extraordinariamente elevada, durabilidade mecânica, espessura atómica, poros nanométricos e reatividade a poluentes da água polares e não polares. Estas características conferem uma elevada seletividade e permeabilidade à água, proporcionando assim uma excelente eficiência na purificação da água.

- Na indústria dos adubos (adubo de libertação lenta).
- Dessalinização, o fim da escassez de água.

- Além disso, as actividades metabólicas das bactérias desencadeadas pela glicose também podem ser detectadas em tempo real.
- Sensores biológicos, químicos e magnéticos.
- Os biossensores nanoelectrónicos [transístores de efeito de campo de grafeno (GFET) e ressonância plasmónica de superfície (SPR) reforçada com grafeno] baseados em grafeno têm sido utilizados para detetar moléculas de gás ($NH_3$ , $NO_2$ , $H_2$ , CO, $SO_2$ , $H_2$ S), iões metálicos e várias biomoléculas, incluindo ADN, glicose e proteínas.

## Grafeno para uma nova geração de fertilizantes :

- A utilização excessiva de adubos químicos e pesticidas tem revelado impactos negativos na saúde do solo que acabam por destruir o ecossistema do solo com grandes perdas de fertilidade e de equilíbrio ambiental.
- A nanotecnologia é a tecnologia em ascensão da década atual, com características de capacidade de libertação controlada e de fornecimento orientado de nutrientes em relação aos fertilizantes convencionais.
- Melhorar a eficiência da utilização de fertilizantes é, portanto, um objetivo global.
- Os nanomateriais à base de grafeno podem oferecer uma via possível para o desenvolvimento de fertilizantes mais eficazes.

**As vantagens do material à base de grafeno são**

- A sua relação superfície/volume extremamente elevada.
- Elevada capacidade de carga.
- O seu pequeno tamanho torna-os potencialmente móveis através dos poros do solo.
- Funcionalização de superfície adaptada para ter várias propriedades de superfície (potencial zeta, hidrofilicidade, etc.)
- A qualidade física dos fertilizantes granulados também aumenta com a inclusão de materiais à base de grafeno (minimiza a perda durante o fabrico, transporte, distribuição e aplicação).
- Pequenas adições de grafeno ou óxido de grafeno melhoraram significativamente a sua resistência à degradação.

## Óxido de grafeno .....

O óxido de grafeno (GO) é um derivado do grafeno dispersível em água que apresenta uma elevada densidade de grupos funcionais de oxigénio (carboxilo, hidroxilo, carbonilo e epóxi) na rede de carbono.

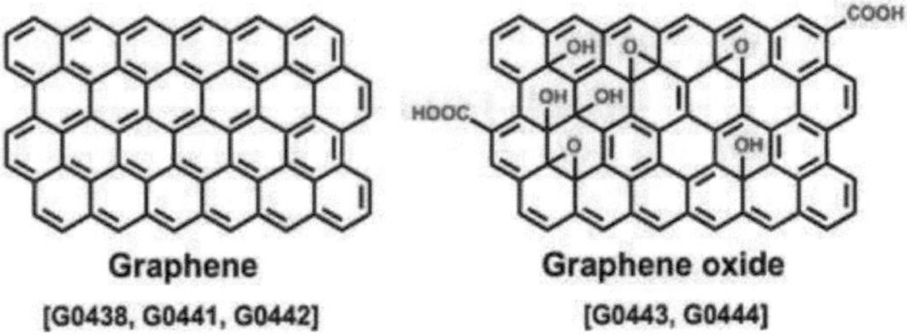


**Fig.4:** Óxido de grafeno estrutura

**Porquê óxido de grafeno (GO)...?**

- A presença de diferentes grupos funcionais de oxigénio na superfície e nos bordos das folhas de GO torna-as um substrato único e facilmente acessível para a funcionalização multivalente e o carregamento eficiente de moléculas.
- É uma produção escalável e de baixo custo a partir da grafite.
- O GO actua como adsorvente para a remoção de iões metálicos da água devido ao seu elevado teor de grupos funcionais de oxigénio disponíveis para interação com iões metálicos.
- A elevada área de superfície específica (2620 $m^2$ $g^{-1}$ ) torna-o um candidato ideal para processos que envolvem adsorção ou reacções de superfície.
- No caso dos micronutrientes catiónicos, o GO é fabricado por oxidação da grafite natural, que tem uma carga superficial líquida negativa elevada, que pode reter grandes quantidades de micronutrientes e atuar como transportador para a distribuição de micronutrientes.
- Para o fósforo, que existe como anião fosfato carregado negativamente, a superfície do GO é primeiro funcionalizada com ferro (Fe), o que mais uma vez proporciona uma grande área de superfície para a ligação do fosfato.
- A libertação de nutrientes do material é mais lenta do que a dos fertilizantes solúveis convencionais e corresponde melhor às necessidades das plantas.

**<u>Necessidade de micronutrientes.....</u>**

- A maior parte dos micronutrientes convencionais aplicados como fertilizantes a nível mundial são sais solúveis em água que incluem principalmente sulfatos ou as suas formas quelatadas.
- Devido aos solos arenosos ácidos e à elevada precipitação, os micronutrientes solúveis e quelatados podem perder-se por lixiviação e escorrimento.
- Os mecanismos de libertação dos CRF baseiam-se na difusão através do seu revestimento ou na hidrólise lenta.
- A forte adsorção às argilas e à matéria orgânica, ou a precipitação de compostos insolúveis no solo reduzem a eficácia dos fertilizantes.
- Observa-se também uma potencial incompatibilidade entre a taxa de libertação dos nutrientes e a taxa de absorção dos nutrientes pelas culturas.

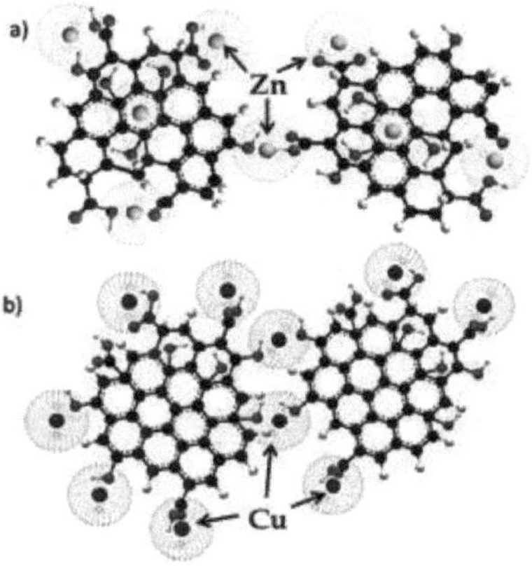


**Fig.5:** Interacções das folhas de GO com (a) iões $Zn^{+2}$ , (b) iões $Cu^{+2}$

- A solução para estes problemas passa pela utilização de adubos de libertação lenta (SRF) ou controlada.
- Considerando a elevada capacidade de adsorção do GO para iões metálicos e a sua aplicação como transportador para o carregamento e entrega de moléculas terapêuticas, é razoável esperar que o GO possa ser utilizado com êxito como transportador de micronutrientes vegetais.

## Compósito de óxido de grafeno e ferro [GO-Fe(III)]...

- Os compósitos de grafeno (GN)/GO permitem a sorção de uma vasta gama de elementos, incluindo metais pesados, moléculas orgânicas, fármacos e gases.
- Vários estudos demonstraram que os compósitos GN/GO têm potencial para serem utilizados no controlo da poluição por P (Luo et al., 2016; Tran et al., 2015)
- A nova abordagem envolve a utilização de nanomateriais (NM) para o revestimento de P solúvel em água com uma camada insolúvel em água, criando uma barreira física que irá abrandar a taxa de libertação de P e reduzir a lixiviação ou escoamento de P.
- Em vez de criar uma barreira física em torno do fertilizante, foi iniciado o conceito de utilização de NMs como transportadores de nutrientes para conseguir uma libertação lenta e controlada.
- Para melhorar a capacidade de carga de P na superfície das folhas de GO, os iões Fe(III) foram seleccionados com base na sua afinidade com o PO43-. Utilizando procedimentos simples, foi sintetizado e caracterizado um compósito GO-Fe.

## Sensores de humidade do solo :

A humidade do solo é medida de duas formas, nomeadamente o teor de humidade gravimétrico (em laboratório) e o teor de humidade volumétrico (medições da humidade do solo in situ).

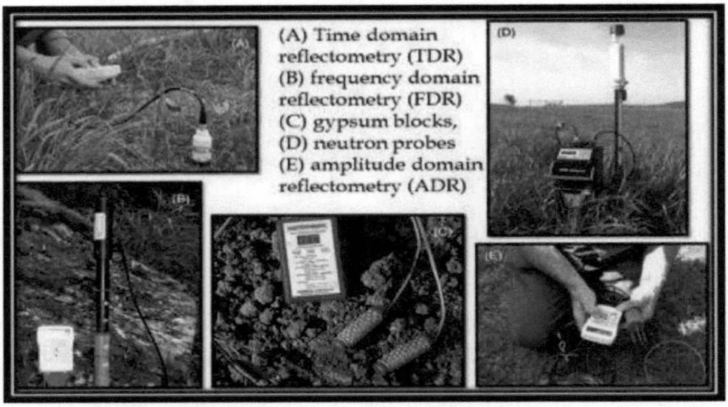


**Fig.6**: Sensores de humidade do solo

- Algumas das técnicas utilizadas para medições precisas da humidade volumétrica. Como essas técnicas são caras (Rs.80.000-1.50.000) e não podem ser compradas.
- Os microssensores, que utilizam polímeros condutores, custam menos, mas têm baixa estabilidade, baixa sensibilidade e não são duráveis.

**Melhores sensores de humidade do solo utilizando GO :**

- Investigadores do IIT de Bombaim e da Universidade de Gauhati conceberam um sensor de humidade do solo robusto, preciso e acessível utilizando óxido de grafeno.
- O sensor é constituído por um substrato de óxido de silício, com eléctrodos em forma de garfo na sua superfície. As pontas dos dois eléctrodos alternam uma com a outra.

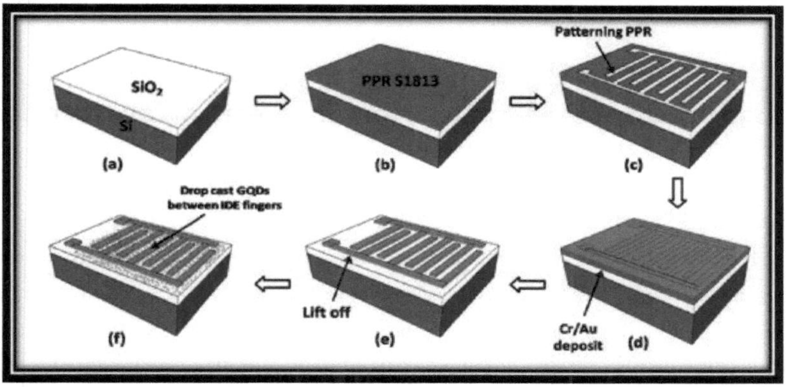


**Fig.7:** Montagem do sensor de humidade do solo.

- Uma camada de GO, depositada entre os pinos, actua como elemento sensor.
- Todo o conjunto é coberto por uma malha de três camadas para permitir que apenas a humidade entre em contacto com o sensor e manter os contaminantes afastados.
- O sensor detecta pequenas alterações na humidade do solo e não é afetado por alterações na temperatura e no teor de sal do solo.
- É também estável, proporcionando medições consistentes durante um longo período de tempo.
- Quando produzidos em massa, estes sensores poderão custar cerca de ₹2000.

**Fig.8:** sensores de humidade do solo instalados no campo

## Dessalinização de água com grafeno :

Já existem várias instalações de dessalinização importantes em todo o mundo que utilizam membranas à base de polímeros para filtrar o sal, mas o processo continua a ser pouco eficiente e dispendioso, pelo que encontrar uma forma de o tornar mais rápido, mais barato e mais fácil é um grande objetivo para os investigadores.

O grafeno pode acabar com a falta de água. Uma equipa liderada pelo Laboratório Nacional de Oak Ridge desenvolveu uma folha porosa de grafeno que pode facilmente remover o sal da água salgada, um processo chamado dessalinização (Fig.9).

- O promissor crivo de óxido de grafeno poderá ser altamente eficiente face às membranas de dessalinização existentes. Ao criar poros à escala nanométrica numa camada de grafeno, este poderia ser utilizado como uma membrana de separação eficaz devido à sua estabilidade química e mecânica, à sua flexibilidade e, sobretudo, à sua espessura de um átomo.
- São criados poros de dimensão nanométrica numa monocamada de grafeno através de um processo de gravação por plasma de oxigénio, que permite ajustar a dimensão dos poros.
- As membranas resultantes apresentam uma taxa de rejeição de sal de quase 100% e um rápido transporte de água.
- As membranas de óxido de grafeno ficaram ligeiramente inchadas quando imersas em água, permitindo que os sais mais pequenos passassem através dos poros juntamente com as moléculas de água.

- A colocação de paredes feitas de resina epóxi (uma substância utilizada em revestimentos e colas) em ambos os lados da membrana de óxido de grafeno foi suficiente para parar a expansão.

**Fig. 9**: Membrana de dessalinização

Os investigadores esperam agora que o crivo à base de grafeno possa ser tão eficaz como as grandes plantas em pequena escala, para que seja mais fácil de implementar. O óxido de grafeno é também muito mais fácil e barato de fabricar em laboratório do que as camadas simples de grafeno, o que significa que a tecnologia será acessível e fácil de produzir.

## GraphAir o futuro da purificação :

Desenvolvido por investigadores da Organização de Investigação Científica e Industrial da Commonwealth (CSIRO), na Austrália, o Graphair é uma forma de grafeno feita a partir de óleo de soja. Anteriormente, o grafeno era cultivado num ambiente altamente controlado com gases comprimidos explosivos, exigindo longas horas de funcionamento a altas temperaturas.

Os cientistas da CSIRO desenvolveram uma nova tecnologia "GraphAir" que elimina a necessidade de um ambiente altamente controlado. A tecnologia faz crescer a película de grafeno no ar ambiente com um precursor natural, tornando a sua produção mais rápida e mais simples.

- Espera-se que a tecnologia reduza o custo da produção de grafeno e melhore a sua utilização em novas aplicações.
- O GraphAir transforma óleo de soja - um material natural e renovável - em películas de grafeno numa única etapa.

- Com o calor, o óleo de soja decompõe-se numa série de unidades de carbono que são essenciais para a síntese do grafeno.

# II. REVISÃO DA LITERATURA

Andelkovic *et al.* (2019) relataram a síntese de um compósito de óxido de grafeno (GO), ferro (GO-Fe), um portador promissor para o carregamento de fósforo. A partir de análises morfológicas, espectroscópicas e químicas, eles revelaram um complexo mecanismo de carregamento de Fe no GO. Os estudos de perfusão em coluna, a visualização da difusão de fósforo nos solos e a análise química dos solos após a difusão mostraram que os compósitos têm propriedades de libertação lenta.

Vinay *et al.* (2018) conceberam um sensor capacitivo robusto à base de óxido de grafeno (GO) que é altamente sensível à humidade do solo. O sensor consiste num elétrodo interdigitado (IDE) com GO quimicamente sintetizado como plataforma de deteção. A resposta do sensor altera-se em 340% e 370% quando a humidade do solo varia entre 1% e 55% para o solo vermelho e preto, respetivamente. A saída do sensor também se altera em 4% quando a concentração de sal no solo varia de 0 a 0,35 mol.

Kabiri *et al.* (2017) demonstraram pela primeira vez que o GN e o GO podem ser usados como aditivos em grânulos de fertilizantes para melhorar significativamente suas propriedades físicas, como resistência ao esmagamento, abrasão e resistência ao impacto. Os testes de resistência ao esmagamento revelaram que pequenas quantidades de GN (ou GO) em grânulos de fertilizante MAP aumentaram notavelmente (18,2 vezes para MAP-GN e 16,2 vezes para MAP-GO) a resistência do grânulo em comparação com MAP não tratado. Os resultados confirmam o uso potencial de GN e GO como agentes de endurecimento e aditivos antipoeira e antiaglomerante na indústria de fertilizantes.

Kabiri *et al.* (2017) demonstraram o uso de folhas de GO como um novo transportador de nutrientes, resultando em uma liberação lenta e entrega sustentada de micronutrientes como Zn e Cu. Os fertilizantes de micronutrientes (Zn-GO e Cu-GO) preparados sob a forma de pellets sólidos apresentaram uma elevada capacidade de carga de nutrientes (mais de 10%) responsável pela ligação dos iões de micronutrientes. O carregamento significativo e os desempenhos de libertação desejáveis dos transportadores à base de GO tornam-nos materiais favoráveis para o carregamento de qualquer nutriente (macro, micro e suas combinações) e, por conseguinte, podem ser utilizados como transportadores genéricos para a criação de uma nova geração de fertilizantes avançados de libertação lenta.

Surwade *et al.* (2015) revelaram a utilidade potencial do grafeno nanoporoso como uma membrana selectiva que pode ser utilizada para a dessalinização da água. Os resultados mostraram que o plasma de oxigénio pode ser utilizado como um método muito conveniente para o fabrico de nanoporos personalizados de dimensão desejada (e provavelmente propriedades químicas alteradas) em grafeno de camada única suspenso, com elevada precisão. Os nanoporos resultantes mostraram uma enorme seletividade da molécula de água em relação aos iões dissolvidos ($K^+$ , $Na^+$ , $Li^+$ , $Cl^-$ ).

# III. ESTUDOS DE INVESTIGAÇÃO

## ESTUDO DE CASO: I

### "Otimização da carga de fosfato em compósitos de óxido de grafeno-Fe(III) - possibilidades para a engenharia de fertilizantes de libertação lenta"

A investigação foi conduzida por **Andelkovic *et al.*, 2019**

**OBJECTIVOS:**

- Para otimizar a carga de Fe e, subsequentemente, de P no GO como fertilizante granular composto.
- Para determinar os mecanismos envolvidos, examinar o comportamento do GO-Fe carregado com P (GO-Fe-P) como fertilizante de libertação lenta de P no solo.

**MATERIAL E MÉTODOS:**

**I. Síntese de compósitos XGO-Fe (III)**:

O óxido de grafeno foi preparado por oxidação de pó de grafite natural (250 mm) de acordo com o método de Hummers melhorado (ESI). O compósito XGO-Fe (III) (em que X representa a concentração inicial de GO em mg $L^{-1}$ ) foi obtido através de uma reação simples numa única fase. Resumidamente, 0,50 g de GO foi suspenso em 5,0, 2,5,1,0, 0,50, 0,25, 0,125, 0,050 e 0,025 L de água desionizada para obter 0,1, 0,2, 0,5, 1,0, 2,0, 4,0, 10,0 e 20,0 g GO $L^{-1}$ ,respetivamente, enquanto o pH da suspensão foi ajustado para < 2 utilizando ácido clorídrico (HCl) 1M. Foi adicionado FeCl3 (1,45 g) à suspensão de GO (GO : Fe = 1 : 1 (w/w)) como fonte de iões Fe (III), sob agitação vigorosa. A mistura foi agitada durante 1 h e depois centrifugada a 2950 g (Thermo Scientific Sorval, EUA) durante 1 h. Após a centrifugação, o sobrenadante foi removido e o resíduo do compósito XGO-Fe (III) foi liofilizado. Não foi incluído qualquer passo de lavagem para remover o Fe solto, de modo a maximizar o teor de Fe do compósito. O método de síntese foi considerado repetível em todos os lotes.

**II. Carregamento de P em compósitos XGO-Fe(III)**:

Para o carregamento de P no compósito XGO-Fe(III), foi utilizado o sal de di-hidrogenofosfato de potássio ($KH_2 PO_4$ ) como fonte de P solúvel. Nomeadamente, 0,10 g de compósito XGO-Fe(III) foram suspensos em 5.0, 2,5, 1,0, 0,50, 0,25, 0,125, 0,050 e 0,025 L de água desionizada, a fim de obter 0,1, 0,2, 0,5, 1,0, 2,0, 4,0, 10,0 e 20,0 g de XGO-Fe(III) $L^{-1}$ , respetivamente. O sal $KH_2 PO_4$ foi utilizado como fonte de P. Foram adicionados 0,22 g de sal $KH_2PO_4$ à suspensão de GO, mantendo a razão GO: P constante (1 : 0,5, w/w) nas suspensões, sob agitação vigorosa e o pH foi ajustado para 6 com solução de hidróxido de sódio (NaOH). A dispersão foi misturada durante 1 h e depois centrifugada a 2950 g durante 1 h. Após a centrifugação, o sobrenadante foi removido e o compósito XGO-Fe(III) carregado com P (XGO-Fe-P) foi liofilizado. O composto seco foi homogeneizado com um almofariz e pilão e prensado em pellets de 40 mg utilizando uma prensa de comprimidos de secretária (TDP 5, LFA Machines Oxford Ltd, Reino Unido).

**III. Caracterização**:

A morfologia das amostras compósitas foi examinada utilizando microscopia eletrónica de varrimento (SEM) (Modelo Quanta 450, FEI, EUA). A espetroscopia de infravermelhos por transformada de Fourier (FTIR) (Nicolet 6700 Thermo Fisher, EUA) foi utilizada para identificar grupos funcionais em materiais por varrimento na gama de 500-4000 $cm^{-1}$ em modo de transmissão. A ultrassonografia de suspensões de 0,1, 1,0 e 10 GO g $L^{-1}$ para análise SEM foi realizada utilizando um Branson Sonifier 450 (Emerson, EUA). O ciclo de trabalho foi fixado em 60 e o controlo de saída em 9. A suspensão foi colocada num banho de gelo e submetida a ultra-sons durante 10 minutos.

**IV. Concentração total de Fe e P nos compósitos GO-Fe-P**:

A concentração total de Fe e P nas amostras XGO-Fe(III) e XGO-Fe-P foi determinada utilizando um procedimento de digestão ácida concentrada em recipiente aberto (3,75 : 1,25 : 1 mL de HCl concentrado :$HNO_3$ :$HClO_4$ ). As amostras (~0,1 g) foram adicionadas a um tubo de refluxo de vidro com 6 mL de mistura de ácidos concentrados e digeridas num bloco de aquecimento a 140° C durante 6 h. Após a digestão, as amostras foram filtradas utilizando filtros de seringa de 0,45 mm (Sartorius) e analisadas quanto às concentrações totais de Fe e P utilizando espetroscopia de emissão ótica com plasma indutivamente acoplado (ICP-OES).

**V. Otimização da carga de P no** compósito **GO-Fe(III)**:

Foi efectuado um estudo cinético para o carregamento de P em 10GO-Fe (III) adicionando 1,06 g de $KH_2PO_4$ a 100 mL de suspensão de GO-Fe (1,00 g) sob agitação vigorosa enquanto o pH era ajustado a 6 utilizando NaOH. Um volume fixo de suspensão foi retirado do copo em intervalos de tempo pré-determinados e filtrado com filtros de 0,45 mm para medir a quantidade de P adsorvido. O efeito do pH foi examinado suspendendo 0,10 g de compósito GO-Fe em 10,0 mL de água, seguido da adição de 0,11 g de KH2PO4 sob agitação vigorosa e do ajuste do pH inicial numa gama de 3 a 10 utilizando uma solução de NaOH. Após 1 h de mistura, as suspensões foram filtradas com filtros de 0,45 mm.

**VI. Cinética de dissolução do P dos adubos compostos MAP e GO-Fe-P**:

A cinética de dissolução do P do GO-Fe-P e do fosfato monoamónico (MAP), como fonte de P solúvel de referência, foi realizada utilizando um método ligeiramente modificado de Milani *et al.* Os grânulos de fertilizante com uma massa total de 20 mg de P para o GO-Fe-P e o MAP foram colocados em colunas de polipropileno (150 mm X 15 mm) entre lã de vidro lavada com ácido. Foi introduzida uma solução de CaCl2 10 mM (pH 6) a partir do fundo das colunas utilizando uma bomba peristáltica com um caudal constante de 10 mL $h^{-1}$ . Foi utilizado um coletor de fracções (Super Frac TM, Pharmacia, UK) para recolher as soluções do topo das colunas de hora a hora durante 48 h. As concentrações totais de P em cada fração foram determinadas utilizando ICP-OES.

**VII. Experiência em vaso**:

Foram efectuadas experiências em vasos com trigo (*Triticum aestivum*) cultivado durante 6 semanas nos três solos Port Wakefield (PW), Black Point (BP) e Monarto (M). O fósforo foi aplicado a uma taxa de 15 mg de P $kg^{-1}$ , quer como MAP ou compósitos 10GO-Fe-15P em forma de pellets. Os tratamentos de controlo, solos sem adição de P, também foram incluídos. Cada tratamento foi repetido quatro vezes. Os vasos (12 cm de diâmetro), forrados com um saco de plástico, foram enchidos com 1 kg de solos secos ao ar e peneirados. Os solos foram humedecidos com solução de fertilizante basal até à capacidade de campo.

## RESULTADOS E DISCUSSÃO:

### I) Caracterização física e química:

O carregamento de Fe (III) nas folhas de GO e, subsequentemente, de P (Fig. 10) aumentou com o aumento da concentração inicial de GO. Pode observar-se uma diminuição notável na concentração de Fe (III) presente nos compósitos XGO-Fe-P para valores de X r4 após o carregamento de P (Fig. 10b), em comparação com a quantidade inicial de Fe nos compósitos XGO-Fe(III) (Fig. 10a).

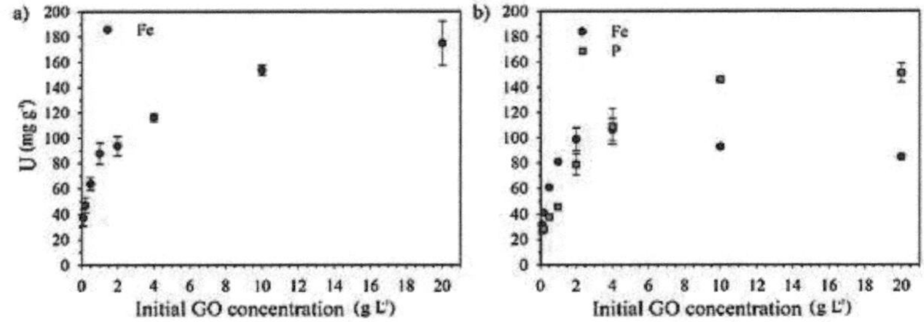


**Fig.10**: Efeito da concentração inicial de GO na quantidade de ferro carregado (a), (b) ferro e fósforo.

A fim de compreender o mecanismo de carregamento de Fe e P e explicar o aumento da sorção de Fe(III) com o aumento da concentração inicial de GO, bem como explicar a lixiviação de Fe(III) durante a sorção de P, começámos por examinar a morfologia dos materiais 0,1, 1,0 e 10,0 g GO $L^{-1}$ como representante da concentração inicial baixa, média e alta de GO, respetivamente, utilizando SEM. As diferentes morfologias das amostras de 0,1, 1,0 e 10 g de GO $L^{-1}$ podem ser o resultado do empilhamento induzido de folhas de GO com o aumento da concentração de GO. Na amostra de 0,1 GO, podem observar-se nano-rolos semelhantes a fios que formam uma rede macroporosa (Fig. 11a). O mecanismo de formação da rede macroporosa pode ser explicado pela presença de folhas GO individuais bem dispersas que sofrem uma alteração conformacional para formas mais estáveis por torção e enrolamento.

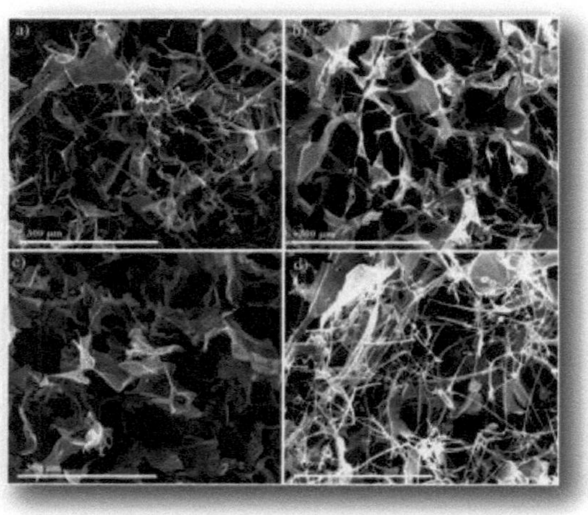

**Fig. 11**: Imagens SEM de GO obtidas após liofilização de suspensões (a) 0,1 g GO $L^{-1}$ , (b) 1 g $GO^{-1}$ , (c) 10 g $GO^{-1}$ e (d) 1 g $GO^{-1}$ (ultra-sons).

As alterações conformacionais resultam de um aumento da tensão superficial das folhas de GO durante o crescimento de cristais de gelo no processo de liofilização. Com o aumento da concentração inicial de GO, a agregação das folhas de GO em camadas empilhadas e o subsequente processo de liofilização resultam na formação de uma estrutura mesoporosa de GO, como se observa nas amostras 1GO e 10GO (Fig. 11b e 11c). A ultrassonografia da amostra de 1 g $L^{-1}$ GO resultou na desagregação e esfoliação das folhas de GO, levando à formação de nanoscrolls e de uma estrutura macroporosa, típica da presença de folhas individuais de GO bem dispersas (Fig. 11d).

**II) <u>Cinética do carregamento de P no compósito 10GO-Fe:</u>**

A adsorção de P no compósito 10GO-Fe foi muito rápida, atingindo o equilíbrio em 40 minutos (Fig. 12a). Em geral, acredita-se que três mecanismos diferentes estejam envolvidos na sorção de fosfato em estruturas lamelares: (1) difusão de P através da chamada película líquida que envolve o adsorvente; (2) transporte intrapartícula no interior da partícula; e (3) quimisorção (sorção/dessorção de moléculas de P na/da superfície do adsorvente).

Para examinar os mecanismos de adsorção de P no compósito 10GO-Fe, foram aplicados dois modelos matemáticos: um modelo de pseudo-segunda ordem e um modelo de difusão intrapartícula. Pode observar-se que o modelo de pseudo-segunda ordem fornece uma boa correlação para a adsorção de P no compósito 10GO-Fe (Fig. 12b).

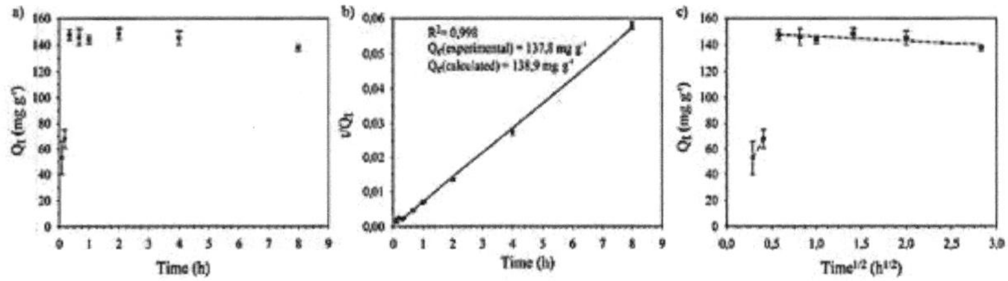


**Fig.12**: (a) Efeito do tempo de contacto na quantidade de carga de P, (b) modelo de pseudo-segunda ordem e (c) modelo de difusão intra-partícula para a cinética da carga de P no compósito 10GO-Fe. Concentração inicial de P 2,5 g $L^{-1}$ , dosagem do sorvente 10 g $L^{-1}$ , pH inicial 6,0.

O modelo de difusão intrapartícula é frequentemente utilizado para investigar se a difusão é o passo limitador da taxa no processo de sorção. A partir da Fig. 12c, podemos ver que o gráfico intrapartículas não é linear ao longo de todo o intervalo de tempo e que a interceção da curva de ajuste do primeiro segmento não é zero, o que implica que a difusão intrapartículas está envolvida, mas não é a única etapa de controlo da taxa no processo de sorção de P. Uma vez que o modelo de pseudo-segunda ordem é capaz de representar sistemas para os quais outros mecanismos, para além das reacções de superfície, governam a taxa global do processo, podemos sugerir que a quimisorção e a difusão intrapartículas são etapas controladoras da sorção de P neste compósito 10GO-Fe.

**III) Efeito do pH:**

No sistema em que os iões Fe(III) estão ligados aos grupos carboxílicos nos bordos das folhas de GO e aos grupos de oxigénio no plano basal das folhas de GO, com um aumento do pH poderíamos esperar um aumento da quantidade de iões $PO_4$ carregados neste sistema GO-Fe, em resultado da formação de um complexo de superfície ternário electrostaticamente favorável, GO-Fe-P, com Fe como ião de ligação.

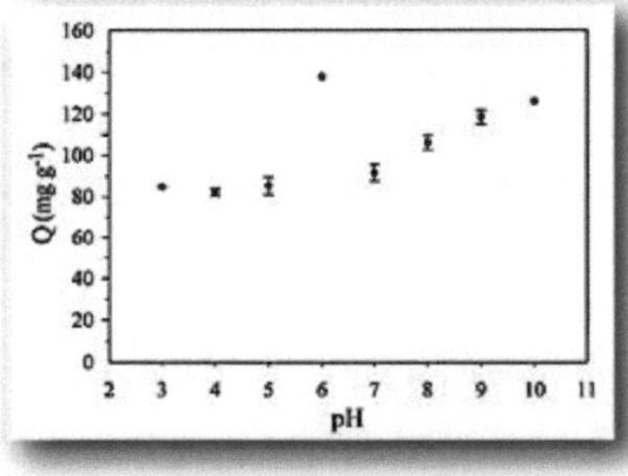


**Fig. 13**: Efeito dos valores de pH na quantidade de carga de P. Concentração inicial de P 2,5 g $L^{-1}$ , dosagem do adsorvente 10 g $L^{-1}$ .

A partir da Fig. 13, podemos ver que não houve efeito do pH no carregamento de P abaixo de valores de pH de 5, enquanto o carregamento mais elevado foi alcançado a pH 6. Com um aumento adicional do pH, um excesso de iões $OH^-$ , a sua sorção competitiva para o GO-Fe, bem como a possível coprecipitação de iões P com formação favorável de $Fe(OH)_3$ a valores de pH mais elevados, podem ser responsáveis pela diminuição da quantidade de P carregado a valores de pH.

**IV) Cinética da libertação de P dos grânulos de MAP:**

A taxa de libertação de P carregado em 1GO-Fe com 5% de P (1GO-Fe-5P) foi examinada utilizando um método de perfusão em coluna e verificou-se que a libertação de P é lenta, atingindo 9% de libertação em 48 h. Utilizando uma concentração inicial de GO mais elevada, ocorre o empilhamento de folhas de GO, proporcionando um novo mecanismo para o carregamento de Fe em GO - intercalação de iões de Fe entre folhas de GO empilhadas. Este novo mecanismo permite o carregamento de quantidades adicionais de Fe e P no GO através de interacções do Fe com grupos alcoxi/alcoxido e hidroxilo nos planos basais do GO.

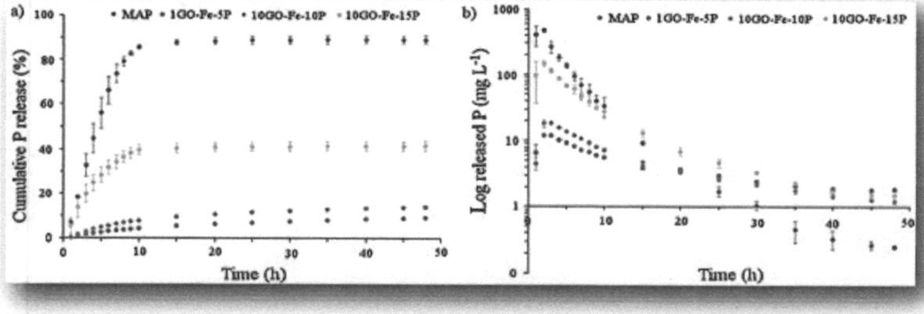

**Fig.14**: Cinética da libertação de P dos grânulos de MAP, 1GO-Fe-5P, 10GO-Fe-10P e 10GO-Fe-15P em coluna (a) libertação cumulativa de P e (b) concentrações de P libertadas em solução ao longo do tempo.

Em comparação com as interacções carboxil-Fe, estas interacções são mais fracas, o que resulta numa libertação mais rápida de P do compósito GO-Fe. Assim, para o compósito 10GO-Fe carregado com 15% de P (10GO-Fe-15P), observou-se uma libertação mais rápida de P, resultando em 42% do P total libertado em 48 h (Fig. 14a). Com base nisto, podemos assumir que, após a colocação do granulado de XGO-Fe-P no solo, a degradação gradual do compósito de XGO-Fe-P pela água deverá proporcionar uma libertação lenta e constante do P residual presente no granulado.

Além disso, é possível observar um aumento da concentração de P nas fracções iniciais com o aumento da quantidade de P carregada no compósito GO-Fe (Fig. 14b). Em comparação com o MAP, em que é evidente uma explosão de libertação de P e elevadas concentrações de P nas primeiras 10 fracções, seguida de uma rápida diminuição das concentrações de P nas fracções seguintes, utilizando os compósitos XGO-Fe-P, a alteração da concentração de P ao longo do tempo não foi tão drástica. Esta libertação gradual e personalizada de P para os compósitos XGO-Fe-P pode ajudar a sincronizar a procura de P pelas plantas e reduzir as perdas potenciais para o escoamento imediatamente após a aplicação do fertilizante.

**V) <u>Difusão de P através do solo:</u>**

A fim de avaliar o comportamento do compósito 10GO-Fe-15P como transportador de P, foi efectuada a visualização da difusão de P em três solos diferentes e os resultados foram comparados com os do MAP. A Fig. 15a mostra que, em 56 dias, o P do MAP atingiu a secção exterior da placa de Petri para o solo Monarto, enquanto que para os solos PW e BP o P difundiu-se 21 e 16 mm a partir do ponto de aplicação do

MAP, respetivamente. A difusão mais lenta do P através do solo BP pode ser explicada pela presença de quantidades elevadas de Fe/Al, em comparação com os solos PW e Monarto, e a sua bem conhecida interação com o P. O raio de difusão mais pequeno para os três solos para o compósito 10GO-Fe-15P em comparação com o MAP confirma a propriedade de libertação lenta do compósito 10GO-Fe-15P.

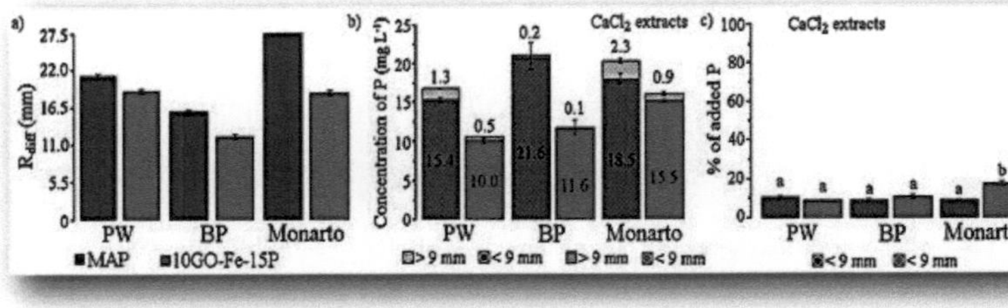

**Fig.15**: (a) Raio de difusão de P aos 56 d após a adição de grânulos de MAP ou pellets de 10GO-Fe-15P aos solos, (b) concentrações de P adicionado extraído por $CaCl_2$ recuperado a uma distância inferior ou superior a 9 mm do local de aplicação do fertilizante aos 56 d após a aplicação do fertilizante e (c) percentagem de P adicionado extraível por $CaCl_2$ recuperado a uma distância inferior ou superior a 9 mm do local de aplicação do fertilizante. As barras de erro apresentam os desvios padrão (n = 3). Letras diferentes significam diferenças significativas (P $\leq$ 0,05).

As concentrações de P nos extractos de $CaCl_2$ dos solos amostrados a > 9 mm do local de aplicação foram mais elevadas para o tratamento MAP nos três solos, em comparação com o compósito 10GO-Fe-15P, o que está de acordo com os raios de difusão obtidos em experiências de visualização (Fig. 15b). A concentração mais elevada de P na fração > 9 mm do solo verificou-se no solo de Monarto, com a taxa de difusão de P mais rápida, seguido do PW e do BP. A análise do solo das secções interiores do solo (< 9 mm) mostrou que a percentagem de P recuperado como P facilmente extraível foi significativamente mais elevada para o solo de Monarto com o tratamento 10GO-Fe-15P em comparação com o tratamento MAP, enquanto não houve diferença significativa entre os tratamentos para os outros dois solos (Fig. 15c).

**VI) <u>Estudo das plantas:</u>**

O crescimento do trigo foi muito limitado nos três solos sem adição de fertilizante P (Fig. 16). Com a adição de fertilizantes, os rendimentos secos aumentaram significativamente, confirmando que os solos utilizados são altamente sensíveis à aplicação de P. Não houve diferença significativa no rendimento entre o tratamento composto de MAP e 10GO-Fe-15P nos solos PW e Monarto (Fig. 16a e 16b), enquanto a aplicação de MAP resultou num rendimento significativamente maior no solo BP em comparação com a aplicação de 10GO-Fe-15P (Fig. 16c). A quantidade de P absorvida pelo trigo também foi afetada pelas fontes de P. Tanto o 10GO-Fe-15P como o MAP resultaram numa absorção de P semelhante no solo PW (Fig. 16d)

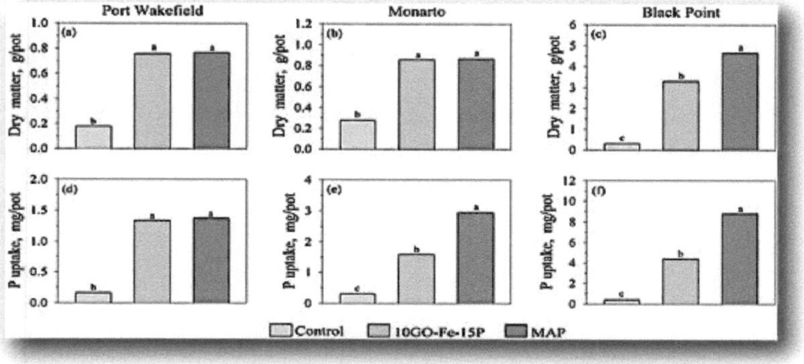


**Fig. 16**: Produção de matéria seca (em cima) e P absorvido pelo trigo (em baixo) nos solos de Port Wakefield (a e d), Monarto (b e e) e Black Point (c e f) sem adição de P (controlo) e com adição de P a 15 mg $kg^{-1}$ como 10GO-Fe-15P ou MAP na forma granular. Letras diferentes significam diferenças significativas ($P \leq 0{,}05$).

Enquanto que nos solos Monarto e BP o MAP superou o composto de P baseado em GO (Fig. 16e e 16f). A menor produtividade seca com o uso de P de libertação lenta em comparação com fertilizantes totalmente solúveis foi relatada anteriormente em solos com alta capacidade de fixação de P, que é o caso do nosso solo BP.

A liberação mais lenta de P do fertilizante pode impor uma penalidade de rendimento em solos altamente deficientes em P, como observado em nosso estudo para o solo BP, sugerindo que as fontes de liberação lenta podem não ser adequadas para atender às demandas das culturas em tais situações. Por outro lado, para os solos PW e Monarto, o fornecimento de P à planta através do composto 10GO-Fe-15P de libertação lenta foi suficiente para produzir o mesmo rendimento seco que o tratamento MAP.

**Resultados da investigação:**

- Os resultados mostram o potencial da utilização de compósitos GO-Fe-P como fertilizantes de libertação lenta de P.
- Uma simples alteração das condições experimentais da síntese de GO-Fe-P permite a engenharia da quantidade e da taxa de libertação de P, para corresponder às necessidades específicas das plantas e ao tipo de solo.

- Embora o procedimento de carregamento resulte numa percentagem de P carregado semelhante à dos adubos altamente solúveis utilizados comercialmente, os estudos de libertação em coluna e a visualização da difusão de P nos solos confirmaram que as formulações GO-Fe-P ainda mantêm a sua propriedade de libertação lenta.
- Um estudo de plantas utilizando trigo e um composto 10GO-Fe-15P em solos PW e Monarto resultou no mesmo rendimento de trigo que utilizando fertilizante comercial altamente solúvel.

## ESTUDO DE CASO: 2

### "Óxido de grafeno, um novo veículo para a libertação lenta de micronutrientes vegetais"

A investigação foi conduzida por **Kabiri *et al.*, 2017**

**OBJECTIVOS:**

- Avaliar o desempenho de novos fertilizantes de micronutrientes à base de grafeno, avaliando a sua capacidade de carga e o seu desempenho de libertação na solução e no solo e a sua disponibilidade para as plantas.

**METODOLOGIA SEGUIDA:**

- **Experiências de adsorção em lotes:** Para confirmar a capacidade do GO como transportador de diferentes micronutrientes.
- **Taxa cinética de adsorção:** Para avaliar a taxa de adsorção de iões metálicos nas folhas de GO utilizando condições de pH optimizadas.
- **Caracterização por XPS**: Investigar a composição química dos micronutrientes preparados à base de GO e analisar a natureza da ligação química entre os iões metálicos e as folhas de GO.
- **Caracterizações Raman, XRD e TGA:** Para confirmar a fixação de iões metálicos na superfície do GO.
- **Caracterização para quantificação dos iões:** A quantidade de iões Zn e Cu carregados nas folhas GO utilizando métodos padrão pelo método de extração aqua regia em recipiente aberto.
- **Experiência de perfusão em coluna**: Para avaliar a solubilidade em água, a dissolução e a taxa de libertação de nutrientes dos granulados de Zn-GO e Cu-GO.

Neste trabalho de investigação, é apresentado um novo conceito para abordar as limitações e demonstrar a utilização de folhas de GO como novos transportadores para uma grande capacidade de carga de micronutrientes vegetais e a sua aplicação em fertilizantes avançados com libertação sustentada e lenta.

A ideia baseia-se nas propriedades únicas do GO, com uma área de superfície ultra grande e uma elevada densidade de grupos funcionais de oxigénio na superfície que podem proporcionar uma interação eletrostática e uma afinidade para a ligação e o carregamento de iões metálicos utilizados como micronutrientes. A Fig. 17 apresenta o esquema do conceito proposto, que mostra o carregamento e a libertação de iões Cu e Zn em folhas de GO e a preparação de fertilizantes sólidos Cu-GO e Zn-GO sob a forma de pellets. Neste caso, o trabalho de investigação explorou o desempenho destes novos fertilizantes de micronutrientes à base de grafeno, avaliando a sua capacidade de carga e de libertação em solução e no solo e a sua disponibilidade para as plantas.

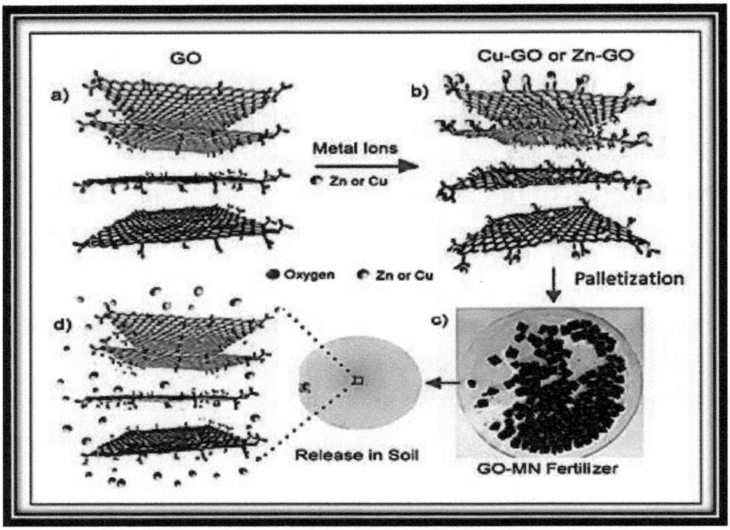


**Fig. 17:** Esquema da preparação e libertação de micronutrientes de libertação lenta em fertilizantes à base de óxido de grafeno, zinco e cobre. (a) GO preparado a partir de rochas naturais de grafite através do processo de esfoliação ácida com diferentes grupos funcionais (-OH e -COOH) utilizados como transportadores de micronutrientes, (b) folhas de GO carregadas com micronutrientes, iões metálicos Cu ou Zn ligados aos grupos funcionais de oxigénio na superfície e nos bordos das folhas, (c) Fotografias do adubo GO-micronutrientes (GO-MN) preparado sob a forma de péletes (Cu-GO ou Zn-GO), e (d) estudo da libertação no solo utilizando os péletes preparados (Cu-GO ou Zn-GO), mostrando uma libertação lenta dos micronutrientes dos transportadores GO.

## RESULTADOS E DISCUSSÃO:

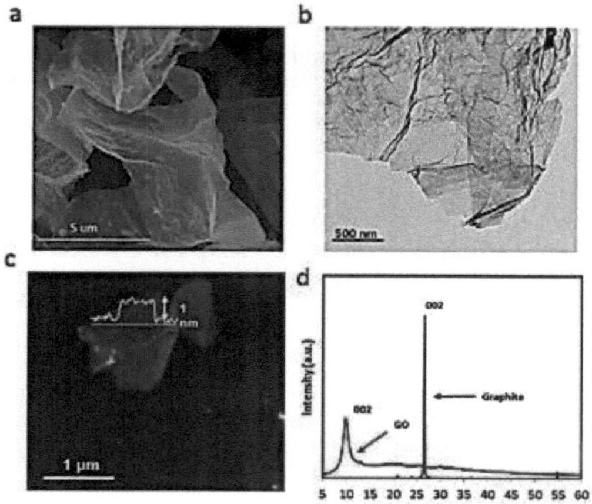


**Fig. 18** Caracterização do óxido de grafeno (GO) utilizado como transportador de micronutrientes: (a) MEV e (b) TEM, (c) imagens AFM de folhas de GO simples confirmando a espessura de algumas camadas; e (d) padrão XRD da grafite e do óxido de grafeno (GO).

As imagens SEM e TEM do GO utilizado como transportador de micronutrientes confirmam o seu tamanho típico, a sua forma irregular e a espessura de poucas camadas (Fig. 18a e 18b).

A sua espessura foi determinada com maior precisão por AFM, mostrando a presença de grupos funcionais oxidados na superfície de uma única folha de GO (Fig. 18c).

A sua espessura foi determinada com maior precisão por AFM, mostrando a presença de grupos funcionais oxidados na superfície de uma única folha de GO (Fig. 18c). Uma caraterização adicional efectuada por espetroscopia de difração de raios X (XRD, Fig. 18d) mostrou um pico principal 2θ de grafite a 26,6° que corresponde a um espaçamento interplanar de (002) camadas hexagonais de átomos de carbono.

**<u>Efeito do pH na adsorção de Zn e Cu na folha de GO:</u>**

Para confirmar a capacidade do GO como transportador de diferentes micronutrientes, foi realizada uma série de experiências de adsorção em lote, nas quais foi determinada a capacidade de adsorção do GO para Cu e Zn. A influência do pH na adsorção destes iões metálicos na superfície do GO foi inicialmente explorada porque o pH afecta a especiação destes iões metálicos, bem como as propriedades da superfície das folhas de GO. Este facto é relevante para determinar a capacidade de adsorção de Zn e Cu nas folhas de GO e para evitar a precipitação dos seus óxidos ou hidróxidos. A Fig.

19a mostra que a adsorção dos iões Cu e Zn aumentou gradualmente a partir do pH 3-6 e manteve-se constante a pH 6-7 antes de diminuir a pH 8.

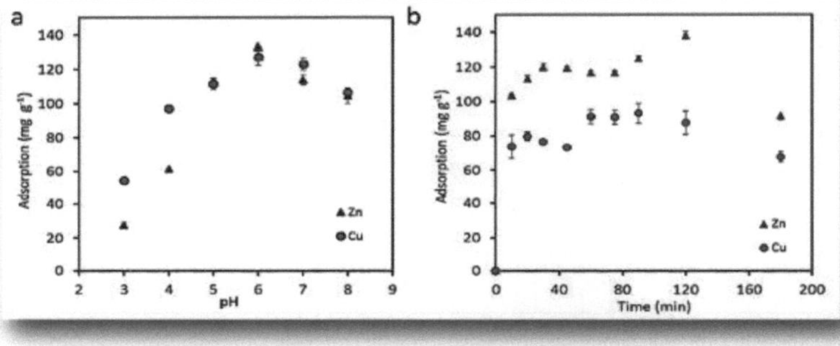


**Fig.19.** a) Influência do pH na adsorção de Zn e Cu (20 mg $L^{-1}$ ) em folhas de GO (5 mg) e (b) estudo cinético da adsorção de Zn e Cu a um pH de 6 e 4,5 para a adsorção de Zn e Cu, respetivamente (com concentração inicial de 20 mg $L^{-1}$ para Zn e Cu).

No caso do Zn, a adsorção aumenta mais acentuadamente com o pH, de pH 3 a 6, uma vez que a espécie predominante de Zn é o $Zn^{+2}$ na gama de pH 3-6 e o aumento da carga negativa nas folhas de GO com o aumento do pH resulta numa adsorção mais forte.

A baixa adsorção de $Zn^{+2}$ nas folhas GO a pH 3 pode dever-se à competição entre $H^{+}$ e $Zn^{+2}$ pelos mesmos sítios de adsorção. A ligeira diminuição da adsorção de Zn a pH 7-8 pode ser explicada pela formação de $Zn(OH)_2$ que está a precipitar na solução. Além disso, a valores de pH elevados, a espécie de Zn predominante é o $Zn(OH)^{-}_3$ , que é difícil de adsorver em GO com carga negativa.

A taxa cinética de adsorção destes dois iões metálicos nas folhas de GO utilizando condições de pH optimizadas (pH 6) foi determinada e é apresentada na Fig.19b. Os resultados mostram um aumento significativo da adsorção de ambos os iões no início do processo (primeiros 10 minutos), com um aumento lento após 10-20 minutos e atingindo o máximo após 120 minutos. A quantidade de soluto adsorvido por grama de GO ($q_e$) determinada a partir dos dados experimentais foi de 137 mg $g^{-1}$ e 93 mg $g^{-1}$ para $Zn^{+2}$ e $Cu^{+2}$ , respetivamente.

**Caracterização para confirmar a fixação de iões metálicos na superfície GO:**

A caraterização para confirmar a fixação dos iões metálicos na superfície do GO foi realizada utilizando as caracterizações Raman, XRD e TGA. O espetro Raman do GO (Fig.20a) mostrou as bandas D e G características a 1341 e 1595 $cm^{-1}$ , respetivamente. Os gráficos Raman de Zn-GO e Cu-GO também continham as bandas G e D, mas a ocorrência de uma ligeira deslocação para azul da "banda G" (~9 $cm^{-1}$ ) tanto para Zn-

GO como para Cu-GO, e uma deslocação para vermelho da "banda D" (~8 $cm^{-1}$ ) para os compósitos Cu-GO sugeriu que a funcionalização de Zn e Cu alterou as vibrações estruturais dos compósitos Zn-GO e Cu-GO.

O padrão de difração de raios X do GO mostrou um pico predominante a 2θ ~ 9,86° (Fig.20b), que pode ser atribuído à reflexão (001) correspondente à distância entre camadas de grafite.

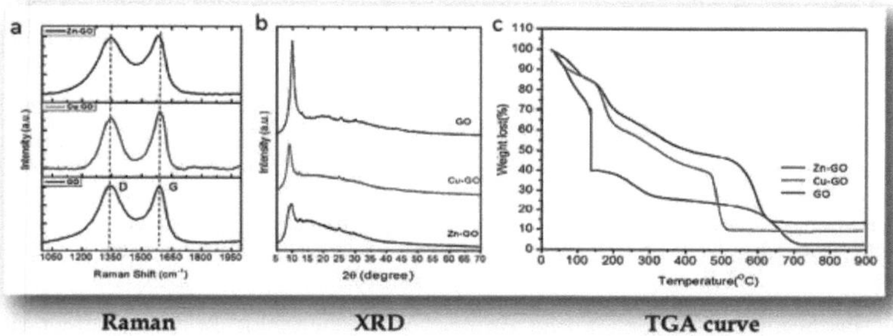


**Fig. 20**: Espectro Raman comparativo (a), (b) padrões XRD e (c) curvas TGA de GO (controlo) antes e, Zn-GO e Cu-GO após carregamento de iões Zn e Cu.

Os gráficos termogravimétricos comparativos (TGA) dos suportes GO, Zn-GO e Cu-GO carregados com GO efectuados por um analisador (TG) são apresentados na Fig. 20c. O GO é termicamente instável e começa a perder massa após o aquecimento, mesmo abaixo dos 100 °C. A maior perda de peso (~70%) ocorre a ~300 °C, o que se deve provavelmente à pirólise dos grupos funcionais que contêm oxigénio. Embora tanto o Zn-GO como o Cu-GO tenham seguido um perfil semelhante ao do GO, a sua estabilidade térmica aumentou em comparação com o GO. A curva TG do GO mostrou uma perda de peso de ~98%, enquanto as curvas TG do Zn-GO e do Cu-GO mostraram perdas de peso mais baixas (~86-90%) em comparação com o GO puro, confirmando a presença de Zn e Cu na estrutura do GO.

**Padrão de libertação de nutrientes de fertilizantes e grânulos GO:**

Depois de confirmar a estrutura e a composição química dos compósitos Cu-GO e Zn-GO preparados, na última experiência de caraterização quantificámos a quantidade de micronutrientes Zn e Cu carregados nas folhas GO utilizando métodos padrão pelo método de extração aqua-regia em recipiente aberto. Para avaliar a libertação de nutrientes dos granulados de Zn-GO e Cu-GO (ou seja, numa forma granular comparável aos fertilizantes granulares comerciais), foi realizada uma série de experiências para determinar a sua solubilidade em água, dissolução e taxa de libertação num método de perfusão em coluna, e a sua taxa de libertação no solo.

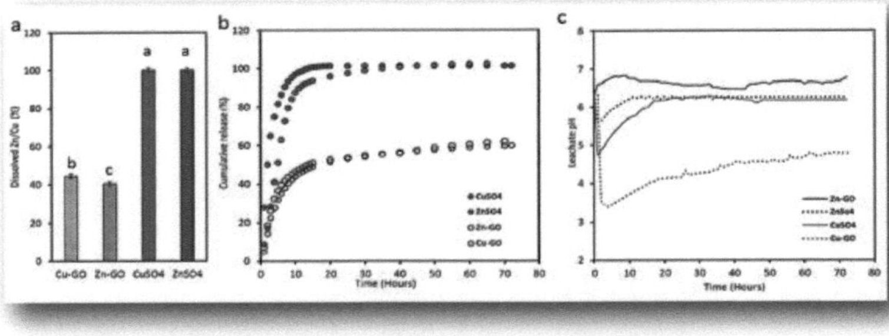

**Fig. 21**: (a) Solubilidade em água de Zn e Cu dos fertilizantes Zn-GO, Cu-GO, $ZnSO_4$ e $CuSO_4$, (b) estudo da cinética de libertação de Zn de Zn-GO e $ZnSO_4$, e Cu de Cu-GO e $CuSO_4$ das colunas, e (c) alterações no pH dos eluídos das colunas em função do tempo. As barras de erro representam o erro padrão (n=3). As barras com letras diferentes são significativamente diferentes a um nível de significância de 5%.

Os resultados da solubilidade em água dos grânulos de Zn-GO e Cu-GO em comparação com os grânulos de $ZnSO_4$ e CuSO4 são apresentados na Fig. 21a. Os resultados mostram que os grânulos de Zn-GO e Cu-GO libertaram apenas 40% e 44% dos seus nutrientes em comparação com 100% dos grânulos de $ZnSO_4$ e $CuSO_4$ nas mesmas condições.

A Fig. 21b mostra o perfil de libertação de iões Zn e Cu em comparação com os controlos obtidos pelo método de perfusão em coluna. Mais uma vez, foi observada uma diferença significativa na taxa de libertação entre os grânulos de Zn-GO e Cu-GO e $ZnSO_4$ e $CuSO_4$.

A libertação para ambos os sistemas mostrou um comportamento bifásico que consiste numa libertação inicial rápida durante 5 h, seguida de uma libertação lenta que foi monitorizada ao longo de 72 h. No entanto, durante esta libertação rápida, apenas ~30% dos iões Zn e Cu foram libertados dos suportes GO em comparação com 75-80% libertados dos grânulos $ZnSO_4$ e $CuSO_4$. A rápida libertação inicial de nutrientes nas primeiras 5 horas está provavelmente relacionada com a libertação de sais metálicos fisiosorvidos ou de iões metálicos soltos na superfície das folhas GO. O pH dos eluatos da experiência em coluna foi avaliado para todas as amostras testadas, a fim de determinar a influência dos iões libertados no pH da solução (Fig. 21c). Durante a fase de explosão da libertação (primeiras 5 h), o pH do tratamento com Zn-GO foi inicialmente mais elevado do que o dos grânulos de $ZnSO_4$. Tanto o Zn-GO como o $ZnSO_4$ registaram um ligeiro aumento do pH do lixiviado nas primeiras horas, após o que o pH se manteve constante ao longo do tempo (Fig. 21c).

**Visualização das zonas de difusão de Zn e Cu:**

A difusão e o transporte dos iões Zn e Cu libertados pelos grânulos de Zn-GO e Cu-GO preparados foram examinados no solo durante 28 dias, utilizando um método de visualização. As zonas de distribuição dos iões Zn e Cu visualizadas 28 dias após a aplicação dos fertilizantes $ZnSO_4$ , Zn-GO, $CuSO_4$ e Cu-GO no solo são apresentadas na Fig. 22a.

A difusão de Zn e Cu foi inicialmente maior quando adicionados como $ZnSO_4$ e $CuSO_4$ em comparação com Zn-GO e Cu-GO (P<0,05) (Fig. 22b). Para todos os componentes, o raio da zona de difusão diminuiu entre o dia 1 e o dia 7, o que pode ser explicado pela continuação da sorção de Cu e Zn no solo à volta dos grânulos de fertilizante.

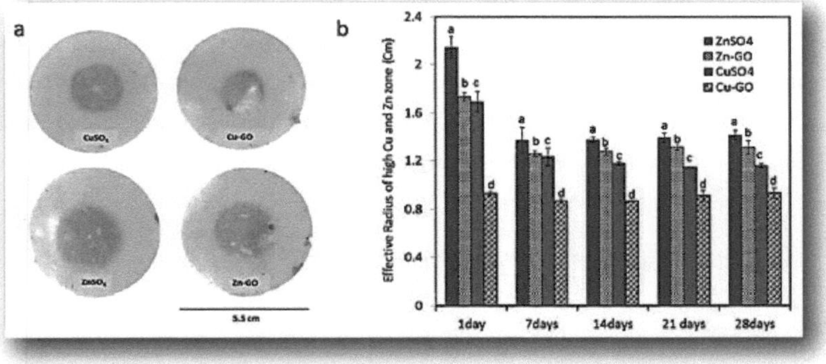


**Fig. 22:** (a) Zonas de difusão de Zn e Cu visualizadas num solo ácido a partir de grânulos de fertilizante $CuSO_4$ , Cu-GO, ZnSO4 e Zn-GO (contendo 10 mg de nutriente) adicionados no centro de uma placa de Petri preenchida com o solo e incubada durante 28 dias, e (b) Raio da zona com alto teor de Zn e alto teor de Cu a 1, 7, 14, 21 e 28 dias após a adição dos fertilizantes Zn-GO, Cu-GO, $ZnSO_4$ e $CuSO_4$ . As barras de erro representam o erro padrão (n=3). As barras com letras diferentes são significativamente diferentes (a um nível de significância de 5%) num determinado momento.

**Propriedades químicas do solo após 28 dias de aplicação de fertilizantes:**

Os resultados da análise química do solo são apresentados no Quadro 3. As concentrações de Zn e Cu nas zonas de difusão no solo correspondem aos resultados da visualização. No caso dos grânulos de $ZnSO_4$ e Zn-GO, quantidades semelhantes de Zn foram recuperadas a >9 mm dos grânulos, 30% e 28%, respetivamente. No solo com grânulos de CuSO4, 31,5% do Cu do fertilizante foi recuperado a >9 mm, enquanto que no solo com grânulos de Cu-GO 19% do Cu do fertilizante foi recuperado nesta zona.

| Fertilizer | pH | | Zn or Cu solution concentration (µg/L) | | % of added metal (Zn or Cu) | |
|---|---|---|---|---|---|---|
| | <9mm | >9mm | <9mm | >9mm | at<9mm | at>9mm |
| $ZnSO_4$ | 6.55(0.02) | 6.42(0.08) | 2067(67.5) | 289(23.2) | 70(0.00) | 30.0(0.00) |
| Zn-GO | 6.62(0.07) | 6.33(0.02) | 4199(69.8) | 570(46.5) | 71(0.06) | 28.0(0.00) |
| $CuSO_4$ | 6.08(0.06) | 6.40(0.03) | 2209(85.1) | 331(19.4) | 68(0.02) | 31.5(0.00) |
| Cu-GO | 6.20(0.05) | 6.40(0.05) | 2395(179) | 148(23.7) | 82(0.01) | 19.0(0.01) |

**Quadro 1**: Resultados da análise química do solo recolhido concentricamente em torno dos locais de aplicação de fertilizantes aos 28 dias após a adição de fertilizantes de Zn e Cu (a 10 mg de Zn; $ZnSO_4$, Zn-GO e 10 mg de Cu; $CuSO_4$ e Cu-GO). Foram medidos o pH e as concentrações de Zn e Cu em solução num extrato de CaCl 1mM$_2$ de diferentes secções de solo e a percentagem de Zn e Cu adicionados recuperados a <9mm dos grânulos (erro padrão de 3 réplicas entre parênteses).

## Efeito das formulações de Zn e Cu na massa seca e na absorção de nutrientes:

Finalmente, foi estudada a eficiência dos fertilizantes Zn-GO e Cu-GO para melhorar o rendimento e o teor de Zn ou Cu do trigo duro (*Triticum durum* cv. Yallaroi). A massa seca dos grãos foi maior quando o solo foi fertilizado com Zn-GO em comparação com o solo fertilizado com grânulos de $ZnSO_4$ ($P<0,05$) (Fig. 23a). No entanto, não houve diferença na massa seca da planta para o solo tratado com fertilizantes Cu-GO e CuSO4 ($P>0,05$) (Fig. 23b), porque este solo não era Curesponsivo, como evidenciado pela produção semelhante para o controle (sem Cu) e os tratamentos com Cu.

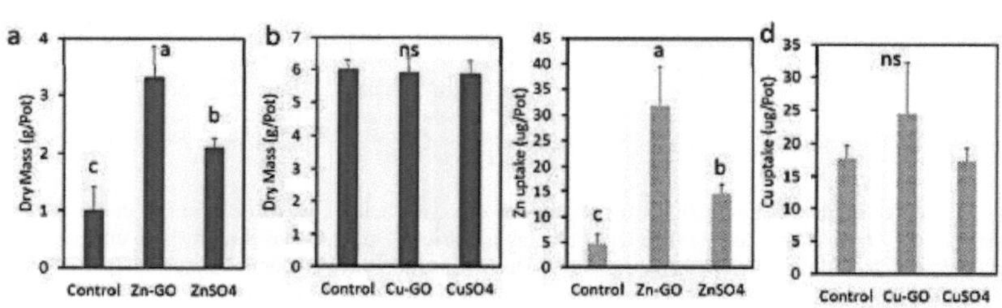


**Fig. 23**: (a) Efeito de diferentes formulações de Zn, (b) diferentes formulações de Cu no rendimento de grãos (massa seca) de trigo e (c, d) efeito de diferentes formulações de Zn e Cu na absorção de nutrientes pela planta. As barras de erro representam o erro padrão (n=3). As barras com letras diferentes são significativamente diferentes a um nível de significância de 5% e as barras com ns não são significativamente diferentes.

Em relação à absorção de nutrientes, as plantas tratadas com o fertilizante Zn-GO apresentaram uma absorção de nutrientes significativamente maior do que as tratadas com sais de Zn e o controlo ($P<0,05$) (Fig. 23c). A absorção de Cu foi ligeiramente superior para o fertilizante Cu-GO do que para os tratamentos com sais de Cu e o controlo, mas esta diferença não foi significativa (Fig. 23d).

**Resultados da investigação:**

- Os adubos de micronutrientes (Zn-GO e Cu-GO) preparados sob a forma de pellets sólidos apresentaram uma elevada capacidade de carga de nutrientes.
- Poderiam ser utilizados como suportes genéricos para a criação de uma nova geração de SRF avançados.
- A produção à escala industrial destes fertilizantes de elevado desempenho à base de grafeno tornar-se-á comercialmente viável com o tempo.

## ESTUDO DE CASO: 3

"Cogranulação de baixas taxas de grafeno e óxido de grafeno com fertilizantes de macronutrientes melhora notavelmente a sua qualidade física
Propriedades".

A investigação foi conduzida por **Kabiri *et al.*, 2017.**

**OBJECTIVOS:**

- Demonstrar aditivos à base de grafeno em pequenas quantidades que melhoram significativamente as propriedades físicas dos fertilizantes comerciais.

**METODOLOGIA SEGUIDA:**

- **Síntese de Óxido de Grafeno (GO) e Grafeno (GN) :** As folhas de GO foram sintetizadas pelo método de Hummer melhorado a partir de pós de grafite. Foi utilizado um método hidrotérmico modificado para preparar as folhas de GN.
- **Força de esmagamento dos grânulos:** Para medir a força de esmagamento, 25 grânulos de fertilizante com tamanhos entre 2,80 e 2,36 mm de diâmetro. Um penetrómetro de anel Wykeham Farrance de mesa comercial foi utilizado para medir a resistência mecânica dos grânulos de fertilizante (MAP).
- **Ensaio de abrasão dos grânulos**: A resistência à abrasão dos grânulos foi medida através da modificação do método IFDC S-116.
- **Resistência ao impacto dos grânulos:** A resistência ao impacto dos grânulos foi medida através da modificação do método IFDC S-118.
- **Tendência de aglomeração dos grânulos de adubo**: tendência de aglomeração avaliada por um aparelho concebido por Lafci *et al.*
- **Difusão de fósforo (P) de grânulos de fertilizante:** O método de difusão de P de Degryse e McLaughlin foi utilizado para investigar a libertação de P de grânulos de MAP tratados e não tratados.

Os fertilizantes são correctivos comuns dos solos agrícolas para reabastecer o solo durante a colheita com nutrientes essenciais para as plantas e melhorar o rendimento e a saúde das culturas para a produção alimentar. Um parâmetro crítico na seleção de fertilizantes em partículas é a sua qualidade física. A aceitabilidade dos adubos no mercado é determinada não só pelo seu teor de nutrientes mas também pela sua qualidade física e é frequentemente a razão para selecionar um adubo em vez de outro. Além disso, os fertilizantes granulados devem ter uma resistência mecânica adequada para resistir a fracturas significativas e à criação de poeira excessiva durante o processo de manuseamento e armazenamento para satisfazer as necessidades do mercado.

## RESULTADO E DISCUSSÃO:

### Caracterização estrutural e química do adubo granulado MAP com aditivos GN e GO:

As imagens microscópicas de luz e de SEM das amostras de MAP preparadas (controlo e com aditivos GO/GN) mostraram que todas as amostras foram granuladas de modo a formar grânulos redondos (Fig. 24a a 24f). No entanto, o grânulo de MAP (controlo) tinha uma superfície mais rugosa em comparação com as superfícies dos grânulos de MAP-GN e MAP-GO (Fig. 24d a 24f). Para confirmar a presença e distribuição de folhas de GN e GO nos grânulos de MAP-co, foram tiradas imagens SEM de maior ampliação e comparadas com as de MAP (Fig. 24g a 24i).

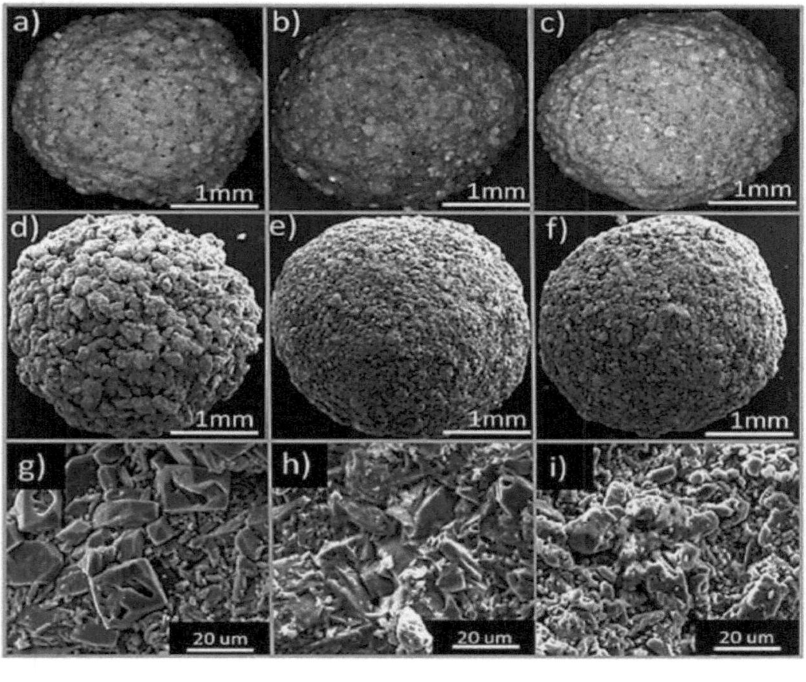

**Fig.24:** Imagens microscópicas de (a) grânulos de fosfato monoamónico (MAP) (controlo), MAP com (b) 0,5% de grafeno (GN) e (c) 0,5% de óxido de grafeno (GO), imagens SEM de (d) MAP, MAP com (e) 0,5% GN e (f) 0,5% GO e imagens SEM de alta resolução de (g) MAP, MAP com (h) 0,5% GN e (i) 0,5% GO (setas vermelhas e pontos representam a presença de GN ou GO).

Estas imagens mostram folhas de GN (ou GO) dispersas aleatoriamente e incorporadas nos compósitos MAP-GN ou MAP-GO, onde algumas das macropartículas de MAP foram envolvidas pelas folhas de GN ou GO.

**Propriedades físicas:**

As forças de esmagamento do MAP cogranulado com diferentes percentagens de peso de GN e GO são apresentadas nas Figuras 25a a 25d. Pode observar-se claramente que a força de esmagamento dos grânulos de MAP com adição de GN (ou GO) foi significativamente superior (3,0 a 18,2 vezes) à do MAP (controlo) e que a incorporação de GN produziu forças de esmagamento superiores às do GO. A força média de esmagamento com 0,5% em peso de GN no grânulo de MAP foi de 10,8 kg de força, que foi 2,8 vezes maior do que os grânulos com a mesma quantidade de GO.

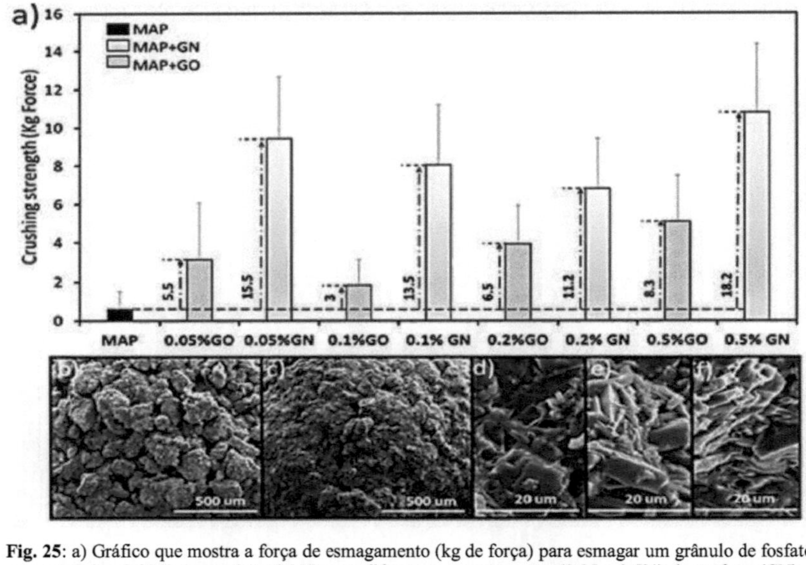


**Fig. 25**: a) Gráfico que mostra a força de esmagamento (kg de força) para esmagar um grânulo de fosfato monoamónico (MAP) (controlo) e MAP com diferentes concentrações (0,05 a 0.5%) de grafeno (GN) e óxido de grafeno (GO), (a força de esmagamento e o desvio padrão foram medidos para 25 grânulos de cada formulação, as barras de erro representam (n = 25), imagens SEM de baixa resolução da superfície superior de b) MAP (controlo) e c) MAP-0,5%GN, imagens SEM de alta resolução de d-e) MAP-0,5%GN e f) MAP-0,5%GO.

Estas imagens mostram folhas de GN (ou GO) dispersas aleatoriamente e incorporadas nos compósitos MAP-GN ou MAP-GO, onde algumas das macropartículas de MAP foram envolvidas pelas folhas de GN ou GO. Propõe-se que a melhoria da resistência ao esmagamento dos grânulos de MAP com aditivos GN ou GO possa ser atribuída à elevada área de superfície específica e à capacidade de enchimento de poros ou de interbloqueio dos GMBs resultante das suas estruturas enrugadas e 2D (planas). Para apoiar esta hipótese, foram tiradas várias imagens SEM dos grânulos de MAP com aditivos GN e GO (Fig. 25b a 25f).

A superfície rugosa do grânulo de MAP com muitos microporos e espaços vazios (controlo) (Fig. 25b) era significativamente diferente da superfície do MAP com 0,5% de GN adicionado, o que constituía a prova mais indicativa da propriedade de preenchimento de poros dos aditivos GN. A adição de GN causou uma superfície mais densa com menos poros (ou vazios) e, assim, o comportamento mecânico dos grânulos foi melhorado (Fig. 25c).

As imagens SEM de alta resolução dos grânulos de MAP-GN a 0,5% revelaram a presença de folhas de GN enrugadas ou algumas camadas de folhas de GN entre as macropartículas de MAP (Fig. 25d,e). O mesmo comportamento e características morfológicas foram observados para os grânulos de MAP com GO utilizando a mesma concentração (Fig. 25f).

**Comparação da resistência ao esmagamento dos grânulos de MAP:**

Os grânulos de MAP tratados com e sem aditivos GN/GO foram secos no forno a 50°C durante a noite para acelerar a sua secagem. Curiosamente, a força de esmagamento dos grânulos de MAP-GO foi consideravelmente melhorada em comparação com os grânulos de MAP-GO secos à temperatura ambiente (Fig. 26a). No entanto, o aquecimento dos grânulos MAP ou MAP-GN a 50°C não melhorou a sua força de esmagamento em comparação com os grânulos secos à temperatura ambiente. Os grânulos não foram secos a temperaturas mais elevadas para evitar alterações na estrutura cristalina do MAP.

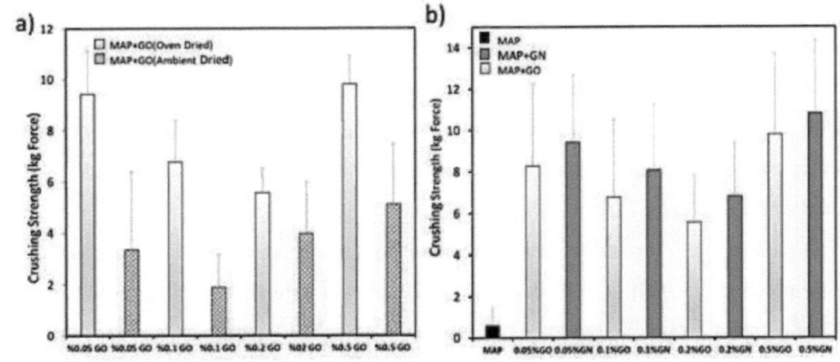


**Fig. 26**: Comparação da força de esmagamento de (a) fosfato monoamónico (MAP) misturado com diferentes percentagens de peso de óxido de grafeno (GO) (0,05, 0,1, 0,2 e 0,5%) seco à temperatura ambiente e no forno (50 °C) após a granulação e (b) fosfato monoamónico misturado com diferentes percentagens de peso de grafeno (GN) e GO (0.05, 0,1, 0,2 e 0,5%) seco na estufa após a granulação (a força de esmagamento e o desvio padrão foram medidos para 25 grânulos de cada formulação, as barras de erro representam (n = 25).

No entanto, o aquecimento dos grânulos de MAP ou MAP-GN a 50°C não melhorou a sua força de esmagamento em comparação com os grânulos secos à temperatura ambiente. Os grânulos não foram secos a temperaturas mais elevadas para evitar alterações na estrutura cristalina do MAP. A força de esmagamento de todas as formulações de MAP-GO após aquecimento foi comparável às formulações de MAP-GN sem aquecimento (Fig. 26b).

**Medição da resistência à abrasão:**

A resistência à abrasão dos grânulos de adubo reflecte a sua resistência à formação de poeiras e de partículas finas resultantes do contacto entre grânulos e entre grânulos e equipamentos durante o manuseamento e o armazenamento. Por conseguinte, a resistência à abrasão dos grânulos MAP tratados com diferentes concentrações de GN foi selecionada para os ensaios de abrasão devido à sua maior resistência mecânica em comparação com as formulações GO.

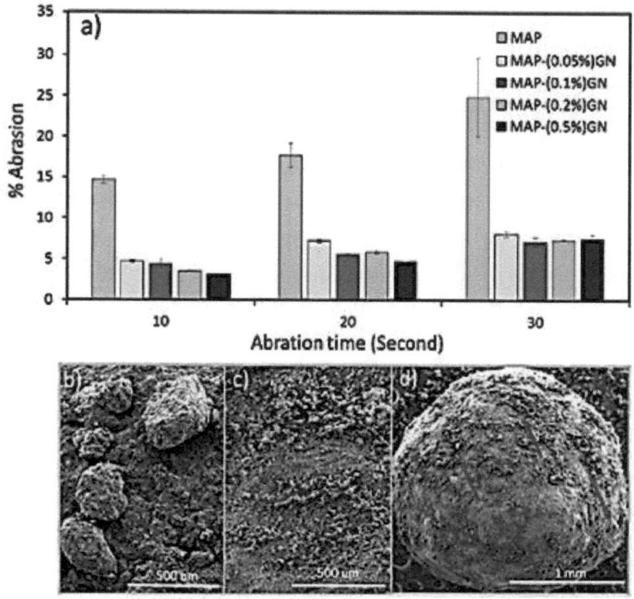


**Fig. 27:** (a) Dados comparativos de abrasão mostrando a degradação de grânulos puros (MAP) e grânulos de MAP preparados com diferentes percentagens de grafeno (0,05, 0,1, 0,2 e 0,5% GN, as barras de erro representam o erro padrão (n = 3)), imagens SEM de (b) MAP-0,5% GN antes da abrasão mostrando agregados na superfície do grânulo e (c e d) após abrasão durante 30 s mostrando destacamentos de fragmentos da superfície.

A Fig. 27a mostra as percentagens de abrasão para os grânulos de MAP com diferentes concentrações de GN retiradas a 10, 20 e 30 s do teste de abrasão. Os resultados mostraram que a adição de GN aos grânulos de MAP reduziu significativamente a sua degradação por abrasão (>3 vezes) em comparação com MAP não tratados. Como esperado, a degradação dos grânulos aumentou com o aumento do tempo de abrasão de 10 para 30 s. Curiosamente, a abrasão dos grânulos de MAP-GN não dependeu da concentração e houve uma diferença insignificante na poeira formada numa concentração muito baixa de GN (0,05%) em comparação com uma concentração mais elevada (0,5%).

Nos grânulos tratados com MAP com uma concentração mais elevada de GN, a superfície de contacto entre dois grânulos e entre os grânulos e o recipiente aumentou, gerando assim quantidades de pó semelhantes às dos grânulos com 0,05% de GN (Fig. 27b). Os agregados maiores na superfície dos grânulos com elevadas taxas de GN adicionadas têm maior probabilidade de se separarem da superfície do grânulo quando em contacto com outros grânulos e com o recipiente durante o ensaio de abrasão (Fig. 27c). Para além disso, as cavidades desenvolvidas na superfície do MAP-0,5%GN após abrasão durante 30 s estão relacionadas com o desprendimento de fragmentos da superfície (Fig. 27d).

**<u>Ensaio da resistência ao impacto de grânulos:</u>**

O teste da resistência ao impacto dos grânulos é importante para a indústria de fertilizantes quando (i) são utilizados espalhadores de fertilizantes do tipo leque, (ii) os grânulos de fertilizantes são descarregados de pontos aéreos para pilhas a granel e (iii) os sacos de produtos fertilizantes caem durante o manuseamento. As três formulações seleccionadas que mostraram maior resistência ao esmagamento e baixa abrasão, nomeadamente MAP-GN com taxas de adição de 0,05% e 0,5% de GN e MAP-GO seco no forno com 0,5% de GO, foram escolhidas para realizar o ensaio de resistência ao impacto.

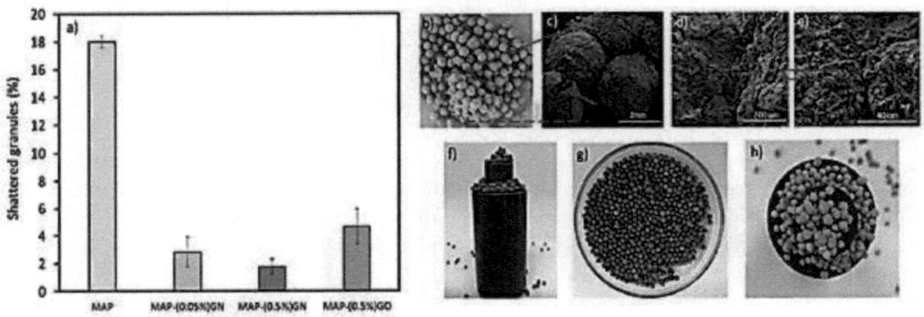


**Fig. 28**: (a) Resistência ao impacto de grânulos de fosfato monoamónico (MAP) puro, grânulos de MAP tratados com 0,05% de óxido de grafeno (GO) (MAP-0,05%GO) secos no forno, 0,05% de grafeno (GN) (MAP-0,05%GN) e 0,5% de GN (MAP-0,5%GN) (as barras de erro representam o erro padrão (n = 3)), (b) fotografia de grânulos de fosfato monoamónico (MAP) endurecidos sob 2.5 kg de peso após incubação durante 1 semana a 30 °C e 80% de humidade relativa e (c-e) imagens SEM de grânulos de MAP aglomerados, (f,g) fotografias de MAP tratados com 0,5% de grafeno e (h) fotografia de MAP tratados com 0,5% de óxido de grafeno (todos os testes de aglomeração foram realizados três vezes e as amostras foram incubadas durante 1 semana a 30 °C, 80% de humidade e com 2,5 kg de peso).

Quando os grânulos de MAP tratados foram submetidos ao teste de resistência ao impacto, 18% dos grânulos foram fracturados (Fig. 28a). Os grânulos de MAP cogranulados com GO e especialmente GN como agentes endurecedores tiveram uma resistência muito maior, com apenas 4,6% e <3% dos grânulos fracturados, respetivamente. Finalmente, foi avaliado o efeito da pressão e da humidade na tendência de aglomeração do MAP e dos grânulos MAP-GN/GO seleccionados com as melhores propriedades físicas. Para todas as três formulações testadas (MAP, MAP-0,5% GN e MAP-0,5% GO), não se observou aglomeração para a carga de 1 kg no final do período de incubação. No entanto, ao alterar o peso da carga para 2,5 kg, alguns dos grânulos fracturaram e ocorreu aglomeração, como no caso dos grânulos de MAP (Fig. 28b,c).

As imagens SEM das partes endurecidas nos grânulos de MAP (Fig. 28d,e) mostram dois grânulos endurecidos em conjunto e alguns grânulos partidos. Os grânulos de MAP-GN e MAP-GO fluíram livremente no final do tempo de incubação com 2,5 kg de carga, mas alguns grânulos de MAP-GO foram esmagados sob a pressão aplicada (Fig. 28f-h). Por conseguinte, a adição de uma pequena quantidade de GN ou GO ao MAP aumentou significativamente a resistência mecânica dos grânulos e, consequentemente, reduziria a quantidade de poeira transportada pelo ar criada durante o manuseamento e o transporte do adubo.

**Difusão de P em solo ácido tratado com níveis de GO & GN:**

A difusão e libertação de fósforo (P) investigadas no solo a partir de grânulos à base de MAP-GN. Os grânulos formulados (MAP-0,05% GN, MAP-0,5% GN, MAP-0,05% GO e MAP-0,5% GO) que obtiveram as melhores propriedades físicas gerais foram seleccionados para esta experiência. Após 1 dia de aplicação de MAP não tratado com os fertilizantes tratados à base de GN/GO no solo húmido, o movimento de P para fora dos grânulos e para o solo (representado pela zona verde escura) de todos os grânulos de MAP tratados foi menor em comparação com o MAP de controlo (Fig. 29a).

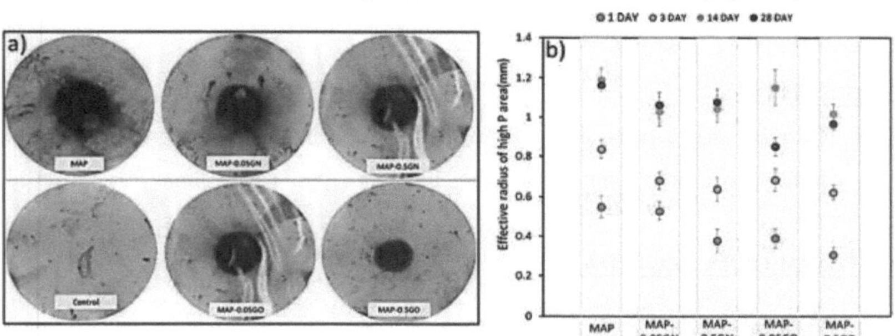


**Fig. 29**: (a) Zonas de difusão de P visualizadas num solo ácido (Monarto, Tabela de Informação de Apoio S1) a partir de fosfato monoamónico (MAP), MAP com 0,05% de óxido de grafeno (GO) (MAP-0,05%GO), MAP-0,5%GO, MAP com 0,05% de grafeno (GN) (MAP-0,05%GN) e MAP-0,5%GN. Todos os fertilizantes forneceram ~6,3 mg de fósforo (P) adicionados ao solo no centro de uma placa de Petri e incubados por 28 dias, e (b) raio do alto-P (derivado como $\sqrt{A/\pi}$ com A a área da zona de difusão de P) em 1, 3, 14, 21 e 28 dias após a adição de grânulos de MAP, MAP-0,05%GO, MAP-0,5%GO, MAP-0,05%GN e MAP-0,5%GN (barras de erro representam erro padrão (n = 3)).

Como se pode ver na Fig. 29b, a difusão de P quando adicionado com MAP-0,5%GN/GO foi ligeiramente inferior em comparação com os solos com MAP-0,05% GN/GO. Além disso, verificou-se uma menor libertação e difusão de P do MAP-0,5%

GO em comparação com o MAP-0,5% GN em todos os períodos de incubação, o que pode dever-se à reação química entre o GO e o MAP.

**Resultados da investigação:**

- A adição de GN aos grânulos de MAP reduziu significativamente a sua degradação e aumentou a resistência ao esmagamento.
- A GBM aumentou a resistência mecânica dos grânulos de fertilizantes e, consequentemente, reduziu a perda criada durante o manuseamento.
- Os GBM não só aumentam as propriedades físicas dos grânulos de MAP como também atrasam ligeiramente a libertação de P.

## ESTUDO DE CASO: 4

## "Dessalinização de água utilizando grafeno nanoporoso de camada única".

A investigação foi conduzida por **Surwade *et al.*, 2015.**

**OBJECTIVOS:**

- Correlacionar a porosidade da membrana de grafeno com as propriedades de transporte e determinar o tamanho ótimo dos poros para uma dessalinização eficaz.

**METODOLOGIA SEGUIDA:**

- Preparação e caraterização de membranas de grafeno: O grafeno de camada única foi sintetizado utilizando a deposição química de vapor (CVD) à pressão ambiente num catalisador de folha de cobre. O grafeno foi subsequentemente transferido para um dispositivo de microchip de nitreto de silício (SiN) com um único orifício de 5 μm utilizando um método de transferência de polímero.
- Medições do transporte de água e da rejeição de sal: mediu as propriedades de transporte de água de várias membranas de grafeno gravadas a plasma utilizando quatro configurações, todas com grafeno suspenso sobre o orifício de 5 μm nos dispositivos de microchip de SiN.

▪ Análise dos mecanismos de transporte: Análise de membranas porosas utilizando STEM com correção de aberrações.

## RESULTADOS E DISCUSSÃO:

### Preparação e caraterização de membranas de grafeno:

As imagens de microscopia eletrónica de varrimento (SEM) confirmaram que a camada de grafeno suspensa sobre o orifício estava intacta, sem rupturas ou rasgões visíveis (Fig. 30a). A qualidade do grafeno suspenso foi então avaliada utilizando a espetroscopia Raman. A partir dos espectros Raman na Fig. 30b, observa-se que o grafeno pristino e suspenso exibe um forte pico G a ~1.580 $cm^{-1}$ sem pico de defeito discernível, D, a 1.350 $cm^{-1}$ .

A ausência do pico D sugere grafeno de alta qualidade com um número insignificante de defeitos introduzidos durante as etapas de síntese e transferência. Além disso, o pico 2D (~2.700 $cm^{-1}$ ) é aproximadamente três vezes mais forte do que o pico G com uma largura de linha que é <30 $cm^{-1}$ , indicando novamente que o grafeno é de camada única. Os nanoporos foram então produzidos no grafeno suspenso por exposição a plasma de oxigénio. Tal como indicado nos espectros Raman da Fig. 30b, a intensidade do pico D aumentou com o aumento do tempo de exposição.

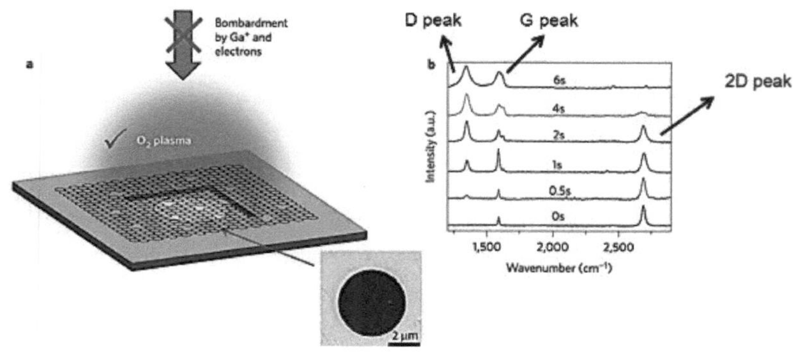


**Fig. 30**: Membranas de grafeno poroso. a, Esquema e imagem SEM de grafeno de camada única suspenso num orifício de 5 μm de diâmetro. Para o fabrico de grafeno nanoporoso, foram utilizadas várias abordagens: bombardeamento por iões, por electrões e através de tratamento com plasma de $O_2$ . b, Espectros Raman (excitação a 514 nm) de grafeno suspenso após diferentes tempos de exposição a plasma de oxigénio.

O rácio $I/I_{DG}$ tem sido amplamente utilizado como uma medida da integridade do grafeno e utilizá-lo-emos aqui como uma medida conveniente dos defeitos.

## Medições do transporte de água e da rejeição de sal:

As propriedades de transporte de água de várias membranas de grafeno gravadas a plasma foram medidas utilizando quatro configurações, todas com grafeno suspenso sobre o orifício de 5 µm nos dispositivos de microchip de SiN. Na primeira configuração, o dispositivo de microchip de SiN com a membrana de grafeno suspensa foi selado (com epóxi) em cima de um recipiente parcialmente cheio de água desionizada. Ao inverter o recipiente, a água entrava em contacto direto com a membrana de grafeno e, devido à vedação epoxídica, a única via de transporte disponível era através do grafeno poroso (Fig. 31).

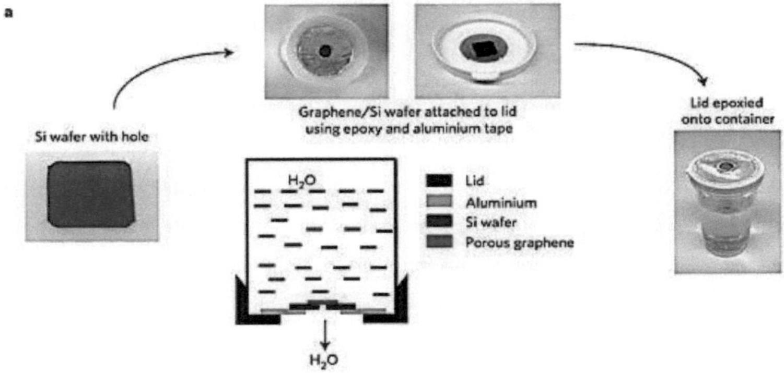


**Fig. 31:** Medições do transporte de água e experiências de dessalinização. Montagem da membrana de grafeno poroso para medições do fluxo de água. Uma membrana de grafeno num chip de silício com um orifício de 5 µm numa membrana de SiN com 300 nm de espessura é selada num frasco de vidro cheio de água desionizada. O frasco é virado ao contrário e colocado numa estufa a 40°C. A perda de água é medida através da monitorização da massa do frasco.

O recipiente foi então colocado dentro de um forno mantido a uma temperatura elevada (tipicamente 40 °C), e o transporte de água foi determinado medindo a massa do recipiente cheio de água em intervalos de tempo regulares e registando a diminuição da massa. As quantidades de perda de água através do grafeno puro, do grafeno gravado a plasma e de um controlo (um orifício aberto de 5 µm sem grafeno) após 24 h são apresentadas na Fig. 32a. Como esperado, o controlo apresentou a maior perda de massa, uma vez que não havia grafeno para inibir o transporte de água.

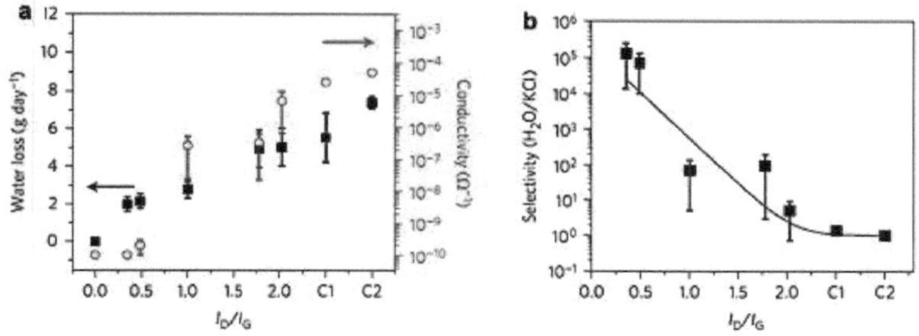

**Fig. 32**: Perda de água, condutividade e seletividade a) Perda de água após 24 h e condutividade iónica através das mesmas membranas porosas de grafeno gravadas em vários tempos de exposição. C1 e C2 são controlos com grandes rasgões ou membranas de grafeno completamente quebradas, respetivamente. b) Seletividade água/sal em função do rácio I /$I_{DG}$ , mostrando uma seletividade excecionalmente elevada para um tempo de condicionamento curto. A seletividade foi calculada como a razão entre o fluxo de água e a condutividade iónica da fig. a, normalizada para o fluxo de água e a condutividade do poro em SiN sem grafeno. As barras de erro em a,b reflectem a reprodutibilidade estatística para três ou mais amostras.

As membranas de grafeno poroso com baixa densidade de defeitos ($I/I_{DG} \leq 0,5$) apresentaram uma corrente iónica extremamente baixa, mas um transporte de água mensurável; ou seja, funcionaram com êxito como membranas de dessalinização, demonstrando uma rejeição eficaz do sal. Os valores de seletividade na Fig. 32b foram calculados como a razão entre o fluxo de água e o transporte de sal normalizado para esses fluxos através de poros sem uma membrana de grafeno.

Foi utilizada uma solução salina aquosa (condutividade de 950 $\mu S\ cm^{-1}$ ) (Tabela 2) para medir simultaneamente o transporte de água e o transporte de iões através da membrana de grafeno. Nesta medição, a água permeada foi recolhida utilizando um segundo recipiente montado por baixo da membrana com um pequeno orifício para equilibrar a pressão com a atmosfera circundante, evitando ao mesmo tempo uma evaporação significativa da água permeada.

A taxa de transporte de água foi comparável à da água desionizada pura na primeira configuração, enquanto a condutividade da solução permeada variou em função de $I/I_{DG}$ . O melhor valor obtido foi uma concentração de sal inferior a 11 $\mu S\ cm^{-1}$ (ou seja, quase três ordens de grandeza inferior à da solução salina de alimentação), confirmando que o grafeno poroso funcionava como membrana de dessalinização. A seletividade da membrana de grafeno poroso com $I/I_{DG} \leq 0,5$ foi $S \approx 1 \times 10^5$ , o que corresponde a quase 100% de rejeição de sal.

| Sample | Feed solution conductivity (µS cm$^{-1}$) | Water collected after 24 h (ml) | Permeate conductivity (µS cm$^{-1}$) |
|---|---|---|---|
| SiN pore | 950 | 7.2 | 675 |
| Graphene/SiN pore | 950 | 0 | - |
| Porous graphene/SiN pore ($I_D/I_G$ = 0.6) | 950 | 2.6 | <11 |

**Tabela 2:** Filtração de solução de KCl (6 mM) através de membranas GN.

**Análise dos mecanismos de transporte:**

As membranas porosas utilizando STEM com correção de aberrações foram analisadas nas Fig. 33a e 33b. Com base em imagens STEM de campo escuro anular de ângulo médio (MAADF), as dimensões dos poros para a membrana com $I/I_{DG} \approx 1$ situam-se na gama de 0,5-1 nm, o que é consistente com a dimensão ideal prevista dos poros para rejeitar pequenos iões e permitir o transporte de água.

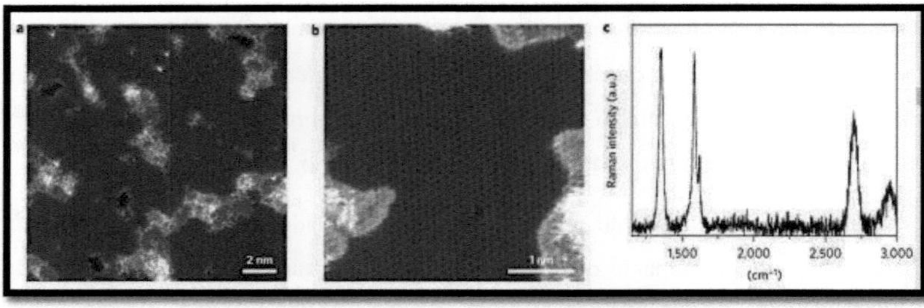


**Fig. 33**: Caracterização do grafeno nanoporoso. a) e b) Imagens STEM do grafeno com correção de aberrações após 1,5 s de exposição ao plasma de oxigénio. Os poros com dimensões características de ~1 nm são claramente vistos. c) Espectros Raman da amostra de grafeno usada para imagens STEM em a,b, que mostra $I/I_{DG} \approx 1$.

Com base em $I/I_{DG} \approx 1$ para a amostra da Fig. 33c, a densidade de poros é da ordem de 1 poro/100 nm$^2$ . Embora um pequeno número de poros seja terminado por carbono (Fig. 33b), a maioria não o é, como indicado pelos átomos brilhantes que decoram os bordos dos poros na imagem STEM da Fig. 33a. Trata-se de átomos de silício, que provavelmente se ligam a locais de bordos reactivos durante o processo de gravação com plasma de oxigénio. Foi demonstrado que os átomos de silício estabilizam os nanoporos no grafeno, passivando as ligações de carbono pendentes à volta da borda do poro; este facto foi comprovado recentemente através de uma combinação de imagens STEM experimentais e simulações de dinâmica molecular.

**Resultados da investigação:**

- Utilizando quatro geometrias diferentes, a investigação demonstrou a utilidade potencial do grafeno nanoporoso como membrana selectiva que pode ser utilizada para a dessalinização da água.
- Foi demonstrado que o plasma de oxigénio pode ser utilizado como um método muito conveniente para o fabrico de nanoporos personalizados com a dimensão desejada (e provavelmente com propriedades químicas alteradas) em grafeno de camada única suspenso, com elevada precisão.
- Os nanoporos resultantes mostraram uma enorme seletividade da molécula de água em relação aos iões dissolvidos ($K^+$ , $Na^+$ , $Li^+$ , Cl ).$^-$

## ESTUDO DE CASO: 5

## "Microssensor de humidade do solo à base de óxido de grafeno para aplicações agrícolas in situ"

A investigação foi conduzida por **Vinay *et al.*, 2018.**

**OBJECTIVOS:**

- Fabricar um micro-sensor de baixo custo utilizando GO como película de deteção para as medições da humidade e da humidade do solo, que mostra maior sensibilidade e estabilidade para o solo.

**METODOLOGIA SEGUIDA:**

- **Síntese do óxido de grafeno (GO)**: O GO é sintetizado a partir de pó de grafite pelo método de Hummer modificado.
- **Técnicas de caraterização:** SEM (microscópio eletrónico de varrimento), microscópio de força atómica (AFM), espetroscopia Raman a laser e espetroscopia de fotoelectrões de raios X (XPS) foram utilizadas para analisar a morfologia das folhas de GO.
- **Caracterização do material:** A solução aquosa de GO é revestida por centrifugação no substrato $Si/SiO_2$ e o substrato revestido é seco ao ar em condições ambientes.
- **Fabrico de micro-sensores:** A estrutura de eléctrodos interdigitados (IDE) é fabricada utilizando o processo de fabrico de microeletrónica.

- **Configuração da medição da humidade relativa e da humidade do solo.**
- **Resposta do micro-sensor GO à humidade relativa.**
- **Resposta do micro-sensor GO à humidade do solo.**
- **Resposta do micro-sensor à temperatura e à condutividade do solo.**
- **Mecanismo de deteção.**

## RESULTADOS E DISCUSSÃO:

### Processo de fabrico do microssensor à base de GO:

Em primeiro lugar, a bolacha de silício (Si) do tipo p (orientação 100 e espessura de 250 μm) é limpa utilizando o método de limpeza padrão RCA (RCA clean wet bench). Além disso, utilizando a oxidação térmica (forno de oxidação húmida de 2 polegadas), crescem l μm de camada de óxido na bolacha de Si, como se mostra na Fig. 34(i). Além disso, para o processo de litografia, o fotoresistente positivo (PPR) S1813 é revestido por centrifugação na bolacha de Si a 3000 rpm utilizando o revestimento por centrifugação (spin coater PPR) seguido de pré-cozedura durante 3 min a 90 °C, como se mostra na Fig. 34(ii).

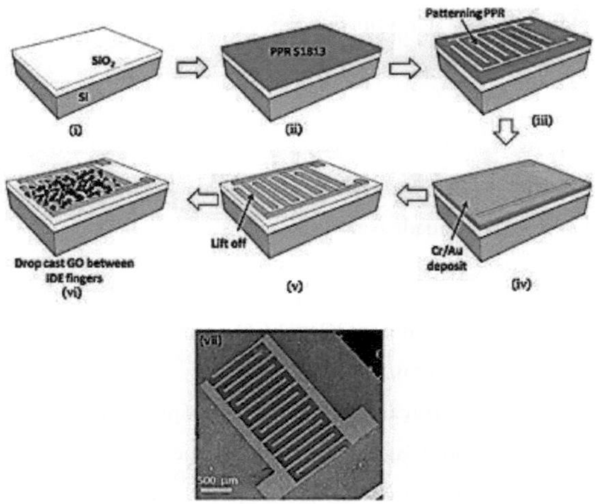


**Fig. 34:** Processo de fabrico da estrutura do elétrodo interdigitado (IDE) (i) Pastilha de Si com 1 μm de SiO2. (ii) Resistência fotográfica revestida com spin na pastilha de Si/SiO2. (iii) Modelação da estrutura IDE por litografia. (iv) Deposição de Cr/Au utilizando a técnica de evaporação térmica. (v) Estrutura IDE após o passo de descolagem. (vi) As películas de GO são moldadas entre o IDE. (vii) Imagem SEM dos eléctrodos interdigitados fabricados com dimensão de cerca de 1500 μm×2400 μm.

Para modelar o PPR com IDE, é feita uma máscara com dimensões de cerca de 1500 μm×2400 μm. Para obter a estrutura IDE, a PPR é exposta à luz UV utilizando o alinhador de máscaras Karl Suss MJB-3 e, em seguida, pós-cozida durante 2 minutos a 90 °C. Posteriormente, o padrão IDE mostrado na Fig. 34 (iii) é desenvolvido mergulhando a pastilha de Si na solução MF319 durante 30 s. Em seguida, a pastilha de Si é lavada com água desionizada e seca com gás N2. Em seguida, o Cr/Au (20 nm/200 nm) é depositado na pastilha de $SiO_2$ utilizando o processo de evaporação térmica do Au (HindHiVac Thermal Evaporator-Cr/Au), como se mostra na Fig. 34(iv). Para remover a PPR juntamente com o Cr/Au presente na parte superior da PPR, como se mostra na Fig. 34(v), procede-se a uma limpeza ultra-sónica da pastilha de Si durante 1-2 min.

Em seguida, a bolacha é limpa com IPA e depois enxaguada com água destilada (DI). Além disso, como se mostra na Fig. 34(vi), 20 μL de suspensões coloidais de folhas de GO dispersas em água (0,1 mg/mL) são lançadas entre o IDE e secas ao ar durante 3-4 h antes das medições eléctricas. A Fig. 34(vii) mostra a imagem SEM do microssensor IDE fabricado.

**Configuração da medição da humidade relativa e da humidade do solo:**

A Fig. 35(a) mostra a configuração experimental para a medição da humidade relativa. A água quente no interior do gerador de vapor (VG) é a fonte de humidade. O controlador de fluxo de massa (MFC) controla a taxa de humidade no interior da câmara RH. A % de humidade relativa é produzida pelo aquecimento da água no interior do tubo em "U" do gerador de vapor (VG). A taxa de produção de humidade é controlada pela passagem de azoto gasoso através do regulador do fluxo de massa (MFC). O sensor comercial de humidade relativa (sonda PCMini52 RH) monitoriza a humidade relativa no interior da câmara RH.

O $N_2$ é utilizado como gás de transporte, que transporta a humidade gerada no VG para a câmara RH. Sendo o $N_2$ um gás inerte, utilizámo-lo como gás de transporte. A saída do micro-sensor GO fabricado, ligado ao medidor LCR (Agilent E4980 A), mede a capacitância do sensor. A Fig. 35(b) mostra a configuração para as medições da humidade do solo.

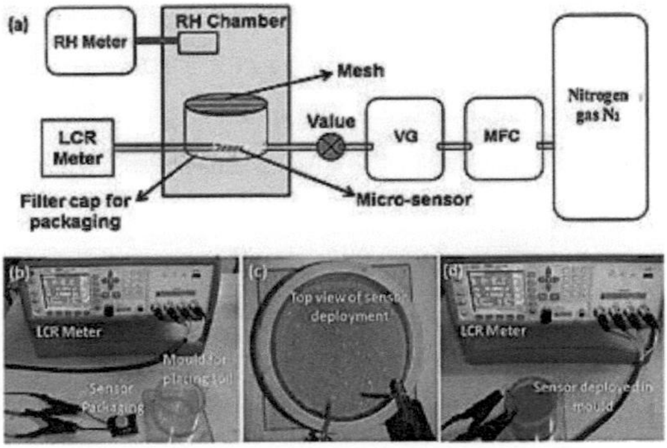


**Fig. 35:** (a) Fluxograma esquemático da instalação de medição da humidade, que consiste num microssensor fabricado ligado a um medidor LCR, uma câmara RH e um sensor RH para a deteção da humidade e um VG para a geração da humidade. (b) Fotografia da câmara da instalação de medição para as medições da humidade do solo, que consiste num micro-sensor fabricado acoplado ao medidor LCR para registar a alteração da capacitância quando exposto a diferentes humidades do solo mantidas no molde. (c) Vista superior da colocação do sensor no interior do molde. (d) Sensor colocado no molde para as medições da humidade do solo.

O sensor é protegido com três camadas de malha colocadas ortogonalmente e com um diâmetro de cerca de 500 μm, o que permite que apenas a humidade do solo se difunda no interior da câmara e interaja com o microssensor, como se mostra na Fig. 35(b). As amostras de solo com diferentes teores de humidade são preparadas e colocadas no molde. O teor de humidade das amostras preparadas é estimado utilizando a técnica gravimétrica padrão. Em seguida, coloca-se um micro-sensor no interior do molde (que contém a amostra de solo com diferentes teores de humidade) para medir a alteração da capacitância do sensor quando exposto a diferentes teores de humidade do solo, utilizando o medidor LCR (Agilent E4980 A), como se mostra na Fig. 35(c) e na Fig. 35(d). As medições da humidade do solo são efectuadas com o solo vermelho e o solo preto de algodão a uma humidade constante de 50% HR.

**<u>Resposta do micro-sensor GO à humidade relativa:</u>**

Se o sensor reagir à humidade relativa, então reagirá definitivamente ao teor de humidade do solo. Neste estudo, o desempenho de deteção de humidade do micro-sensor fabricado é examinado variando a HR de 50% a 94%. A Fig. 36(a) mostra a resposta do micro-sensor fabricado com a alteração da HR a diferentes frequências (500 Hz, 1 kHz e 10 kHz). A partir da Fig. 36(a), infere-se que a capacitância do sensor aumenta exponencialmente para além de 70% de HR, o que é atribuído a um aumento da molécula de água adsorvida na superfície do GO. A interação da molécula de água com o GO aumenta a constante dieléctrica (reforça a polarização) da película de GO e, assim, a capacitância do sensor aumenta. A resposta do micro-sensor fabricado é mostrada na Fig. 36(b), que é de cerca de 1240%, 970%, 430% a 500 Hz, 1 kHz e 10 kHz, respetivamente, com a HR controlada de 50% a 94%.

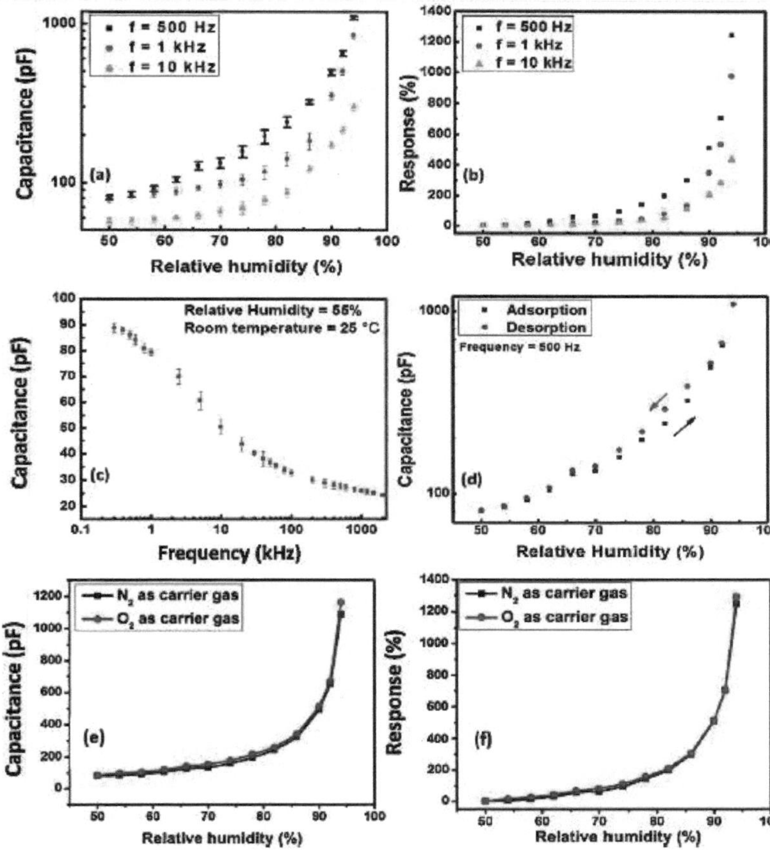


**Fig. 36**: (a) Resposta do micro-sensor GO com alteração da humidade relativa. (b) Resposta do sensor com alteração da humidade relativa. (c) Resposta do micro-sensor a diferentes frequências. (d) Histerese do sensor com a variação da humidade. O micro-sensor fabricado exibe uma pequena histerese (~2% RH). (e) Resposta do micro-sensor GO com alteração da humidade relativa para $N_2$ e $O_2$ (f) Resposta do sensor com alteração da humidade relativa.

A resposta do micro-sensor fabricado foi estudada a diferentes frequências, mantendo a humidade relativa e a temperatura constantes a 55% e 25°C, respetivamente, como se mostra na Fig. 36(c). A partir da Fig. 36(c), observa-se que a capacitância do sensor diminui após 10 kHz. A capacitância do sensor é menor a altas frequências. A baixas frequências, a direção do campo elétrico muda lentamente com o aparecimento da polarização da carga espacial das moléculas de água adsorvidas. A histerese do sensor é estudada retirando o sensor da câmara de HR (como se mostra na Fig. 35(a)) e expondo-o depois à HR ambiente. A Fig. 36(d) mostra a histerese do micro-sensor com uma alteração da humidade relativa. A partir da Fig. 36 (d), é evidente que o sensor exibe uma pequena histerese (~2% RH) e isso é atribuído ao aumento das armadilhas de carga presentes no óxido de grafeno.

Observa-se que a capacitância de base dos sensores para toda a gama de humidade aumenta quando se utiliza $N_2$ e $O_2$ como gás de arrastamento, como se mostra na Fig. 36(e). No entanto, a resposta global do sensor é praticamente a mesma, como se mostra na Fig. 36(f). Ao utilizar $N_2$ e $O_2$ como gás de arrastamento, as propriedades de deteção dos derivados do grafeno não são afectadas.

**Resposta do micro-sensor GO à humidade do solo:**

Os sensores testados em dois solos diferentes, nomeadamente o solo vermelho e o solo preto de algodão, foram recolhidos de campos agrícolas na Índia. Para as medições da humidade do solo, o sensor é protegido com três camadas de malha, como se mostra na Fig. 37(a). São preparadas amostras de solo com vários teores de humidade e a resposta do sensor é estudada expondo o sensor a diferentes teores de humidade do solo, como se mostra na Fig. 37(b).

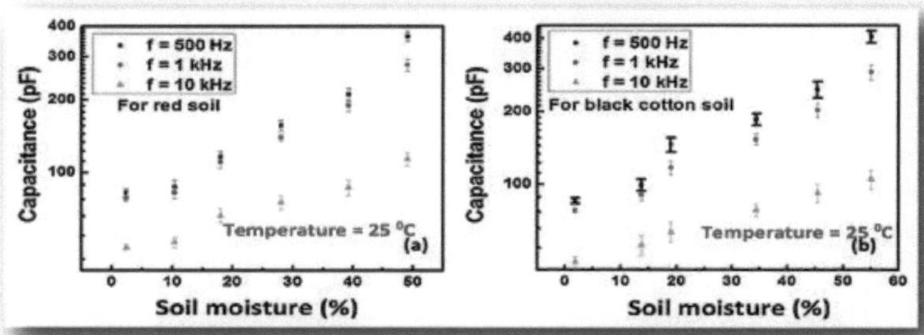


**Fig. 37**: Resposta do micro-sensor GO fabricado para a alteração do teor de humidade do solo (a) solo vermelho. (b) Solo de algodão preto.

O teor de humidade das amostras preparadas é confirmado por uma técnica padrão de secagem em estufa. O medidor LCR é utilizado para medir a alteração da capacitância do micro-sensor quando exposto à amostra de solo com diferentes teores de humidade. A Fig. 37 (a) e (b) mostra a resposta do micro-sensor em função da humidade do solo a diferentes frequências (500 Hz, 1 kHz e 10 kHz), excitado a 1 V para o solo vermelho e o solo preto de algodão. A partir da Fig. 37 (a) e (b), verifica-se que a capacidade do sensor aumenta monotonicamente.

**Estabilidade e seletividade do micro-sensor fabricado:**

Para as medições de estabilidade (variação do sensor em relação ao tempo), o sensor é testado repetidamente sob humidade constante do solo 2% mostrada na Fig. 38(a). A partir da Fig. 38(a), é evidente que a capacitância do sensor permanece constante durante mais de quatro meses e apresenta uma boa estabilidade. Para as medições in situ da humidade do solo, é essencial que o sensor seja seletivo em relação à humidade do solo.

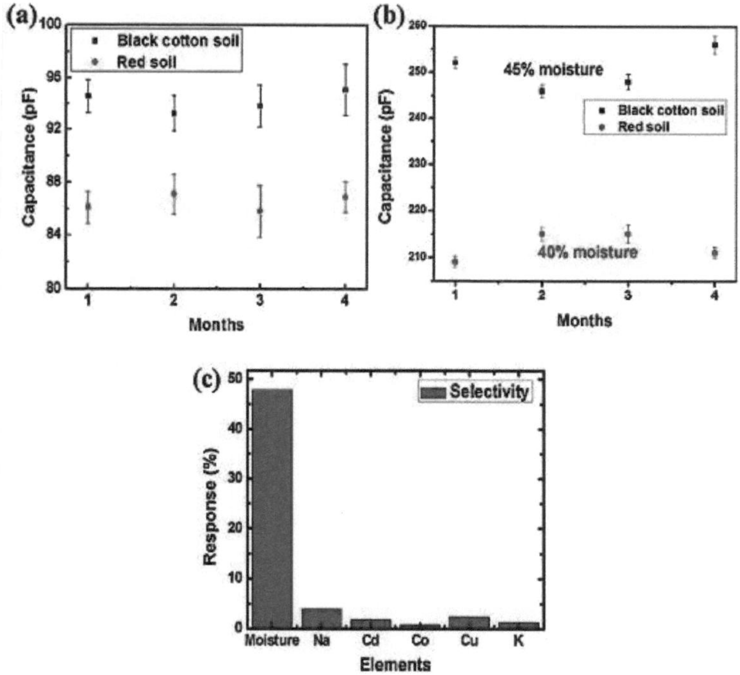


**Fig. 38**: (a) Estabilidade do micro-sensor fabricado, ou seja, variação da capacitância do sensor com o tempo para (a) 2% de humidade do solo. (b) 40% e 45% para o solo vermelho e preto, respetivamente. (c) Seletividade do sensor GO fabricado em função do teor iónico disponível no solo.

A fim de analisar a seletividade dos sensores GO fabricados, foram preparadas seis amostras de solo. Na primeira amostra de solo, foram adicionados 15 ml de água destilada (DI) a 100 g de solo vermelho. Do mesmo modo, para as restantes cinco amostras, foram adicionados diferentes compostos iónicos (15 mg cada), como cloreto de sódio (NaCl), cloreto de cádmio ($CdCl_2$ ), cloreto de cobalto ($CoCl_2$ ), cloreto de cobre ($CuCl_2$ ) e cloreto de potássio (KCl) a 100 g de terra vermelha.

Além disso, o sensor GO fabricado é aplicado nestas seis amostras de solo e a sua resposta é estudada como se mostra na Fig. 38(b). Da Fig. 38(b) deduz-se que o sensor apresenta uma resposta mais elevada (≈47%) à humidade do solo em comparação com os outros conteúdos iónicos adicionados ao solo.

**Resposta do micro-sensor à temperatura e à condutividade do solo:**

Nesta secção, a resposta do microssensor é analisada em função das variações de temperatura e da condutividade do solo. Em primeiro lugar, a resposta do micro-sensor fabricado foi examinada para a gama de temperaturas de 25°C a 65°C. O micro-sensor fabricado é colocado na câmara ambiental e a humidade ambiente é mantida constante a um valor de 50% de HR. A Fig. 39(a) mostra a resposta do micro-sensor fabricado para a gama de temperaturas de 25°C a 65°C. Para a medição da temperatura, a frequência de excitação do medidor LCR é mantida a 500 Hz e a tensão a 1 V. A partir da Fig. 39(a), verifica-se que a resposta do sensor se altera em 6% quando a temperatura varia de 25°C para 65°C, o que conduz a um erro absoluto de 3% nas medições da humidade do solo.

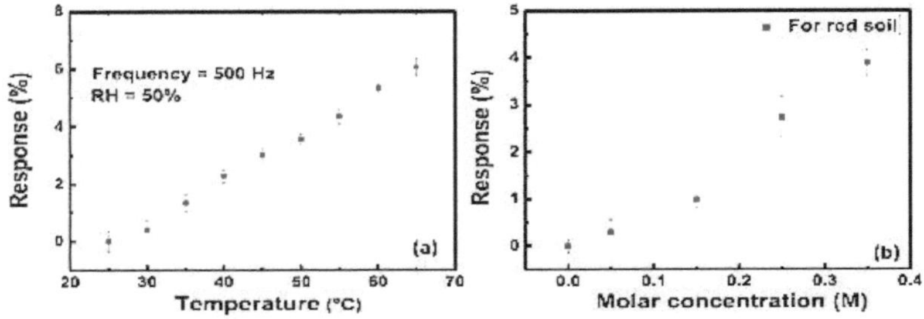


**Fig. 39**: (a) Resposta do micro-sensor GO fabricado com alteração da temperatura a uma humidade relativa constante de 50%. (b) Resposta do micro-sensor GO fabricado com alteração da condutividade do solo.

Neste trabalho, também estudámos os efeitos da condutividade do solo (basicamente a concentração de sal do solo) no sensor fabricado. As amostras de solo são preparadas adicionando 17 ml de solução de NaCl (com concentrações de sal de 0,05M a

0,35M) a 100 g de solo e mantendo a humidade constante a 17%. A partir da Fig. 39(b), verifica-se que a resposta do sensor muda em 4% quando a concentração molar varia de 0,05M a 0,35M, o que representa um erro de 2% na medição do teor de humidade do solo.

**Mecanismo de deteção:**

O mecanismo plausível para a deteção de humidade pelo material de canal GO na estrutura IDE é apresentado na Fig. 11. O mecanismo pode ser descrito pela fisissorção de moléculas de água com os grupos funcionais de oxigénio da superfície do GO através de ligações de hidrogénio. A água nas camadas fisissorvidas liga-se aos grupos funcionais de oxigénio na superfície do GO através de uma dupla ligação de hidrogénio. Com o aumento do nível de humidade, a adsorção física multicamada de moléculas de água também aumenta. As moléculas de água disponíveis na segunda camada fisicamente adsorvida ligam-se à primeira camada fisicamente adsorvida através de ligações de hidrogénio simples nos grupos hidroxilo.

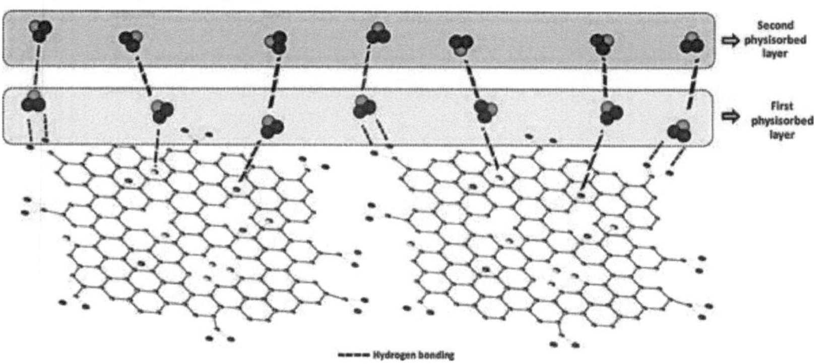


**Fig. 40**: Ilustração do mecanismo de deteção da humidade do solo, mostrando a primeira camada fisicamente absorvida e a segunda camada fisicamente absorvida das moléculas de água. A deteção é explicada pela interação dos sítios activos da estrutura química do GO com as moléculas de água através de ligações de hidrogénio.

Quando é aplicado um campo elétrico, a água no regime de maior fisissorção pode ser ionizada em iões de hidrónio ($H\ O_3^+$), que podem atuar como portadores de carga. Além disso, na superfície do GQD ocorre um salto eficiente de protões entre moléculas de água adjacentes através da cadeia de Grotthuss ($H_2\ O + H\ O_3^+ \rightarrow H3O^+ + H_2\ O$). Assim, a água adsorvida na superfície do GO aumentará a constante dieléctrica, o que aumenta efetivamente a capacitância dos sensores fabricados.

**Estudo comparativo de diferentes microssensores :**

Comparison of the present work with literature for the soil moisture measurements.

| Sensing film | Soil type | Response time | Stability | Effect of temperature & soil conductivity |
|---|---|---|---|---|
| Graphene oxide (GO) | Red soil, black cotton soil | 100-120sec (with mesh) | 4 months | Capacitance changes by 6% and 4% for temperature and soil conductivity |
| GQDs | White clay, Bentonite | 120-180 sec | 4 Months | Resistance changes by 97% and 60% for temperature and soil conductivity |
| PEDOT-PSS polymer | Buckshot Clay | - | - | - |
| water sensitive nano-polymer | Field garden soil | 200 sec | – | – |
| Poly-aniline (PANI) nanofibers | White clay, Bentonite, Sand | 400-800 sec | – | – |

**Tabela 3**: Comparação do presente trabalho com a literatura para as medições da humidade do solo.

O quadro 3 ilustra uma comparação do presente trabalho com a literatura anteriormente publicada no domínio. Em comparação com os microssensores relatados para as medições da humidade do solo, tal como indicado no quadro 3, os microssensores GO são estáveis durante mais de 4 meses e são menos sensíveis às variações de temperatura e de condutividade do solo. A resposta do sensor de cerca de 340% para as medições da humidade do solo, a estabilidade do sensor (testado durante quatro meses), a dependência negligenciável da condutividade do solo e da temperatura fazem dos micro-sensores GO fabricados um dos potenciais candidatos para as medições in-situ.

## Conclusão:

- O micro-sensor GO apresenta uma sensibilidade elevada (cerca de 1240%) para a HR que varia entre 50% e 94%.
- O sensor fabricado apresenta uma elevada sensibilidade para o solo com humidade do solo. O sensor é estável durante cerca de 4 meses.
- O micro-sensor fabricado tem potencial para ser um dos micro-sensores de baixo custo adequados para as medições de campo in-situ.

# IV. RESUMO

- Grafeno: uma nova geração de distribuição de nutrientes. O carregamento significativo e os desempenhos de libertação desejáveis dos transportadores à base de GO tornam-nos favoráveis ao carregamento de qualquer nutriente e podem ser utilizados como transportadores genéricos para a criação de uma nova geração de SRF avançados.
- O grafeno e o óxido de grafeno podem ser utilizados como aditivos em grânulos de fertilizantes para melhorar significativamente as suas propriedades físicas.
- O dispositivo de filtragem à base de óxido de grafeno produz água potável a partir da água do mar ou de águas residuais com um consumo mínimo de energia.
- Os compósitos à base de grafeno provaram ser uma fonte potencial de utilização em várias aplicações, onde serão acessíveis e fáceis de produzir.
- O grafeno é reconhecido como um material biocompatível, pelo que tem atraído uma investigação biomédica considerável para o desenvolvimento de novos biossensores, nanocarreadores para a administração de medicamentos e genes
- Existe uma enorme margem de manobra para utilizar materiais à base de grafeno em vários sectores da agricultura, tais como a indústria de fertilizantes, em várias áreas, incluindo suportes para a distribuição de micronutrientes, um revestimento de fertilizantes convencionais para melhorar as suas propriedades mecânicas e a sua libertação, para melhorar o condicionamento e a recuperação dos solos, utilizar o grafeno como agente antimicrobiano, etc.

# V. REFERÊNCIAS

ANDELKOVIC, I. B., KABIRI, S., RODRIGO C. S., TAVAKKOLI, E., KIRBY, J. K., LOSIC, D. E MCLAUGHLIN, M. J., 2019, Otimização da carga de fosfato em compósitos de óxido de grafeno-Fe (III), possibilidades de engenharia de fertilizantes de liberação lenta. *Novo J. Chem.*, 4: 8580-8589.

KABIRI, S., BAIRD, R., TRAN, D. N. H., ANDELKOVIC, I., MCLAUGHLIN, M. J. E LOSIC, D., 2017, Cogranulação de baixas taxas de grafeno e óxido de grafeno com fertilizantes de macronutrientes melhora notavelmente suas propriedades físicas. *Acs Sustainable Chem. Eng.*, 03655.

KABIRI, S., DEGRYSE, F., TRAN, D. N. H., RODRIGO D. S., MCLAUGHLIN, M. J. E LOSIC, D., 2017, Graphene oxide a new carrier for slow release of plant micronutrients. *ACS Appl. Mater. Interfaces*, 00: 01-20.

SURWADE, S. P., SMIRNOV, S. N., VLASSIOUK, I. V., UNOCIC, R. R., VEITH, G. M., DAI, S. E MAHURIN, S. M., 2015, Water desalination using nanoporous single-layer graphene. *Nature Nanotech*, 10: 459-464.

VINAY, S. P., HEMEN, K., SANDEEP, G. S., MARYAM, S. B. E ASLAM, M., 2018, Microssensor de humidade do solo baseado em óxido de grafeno para aplicações agrícolas in situ. *Sensores e actuadores: B. química.*, 273: 1660-1669.

MIX
Papier aus verantwortungsvollen Quellen
Paper from responsible sources
FSC® C105338

Printed by Books on Demand GmbH, Norderstedt / Germany